Pedro Pablo Magaña Herrera

Evolución del Sistema Constructivo del Muro Tendinoso

Pedro Pablo Magaña Herrera

Evolución del Sistema Constructivo del Muro Tendinoso

de Cardellach a Thomas

Editorial Académica Española

Imprint
Any brand names and product names mentioned in this book are subject to trademark, brand or patent protection and are trademarks or registered trademarks of their respective holders. The use of brand names, product names, common names, trade names, product descriptions etc. even without a particular marking in this work is in no way to be construed to mean that such names may be regarded as unrestricted in respect of trademark and brand protection legislation and could thus be used by anyone.

Cover image: www.ingimage.com

Publisher:
Editorial Académica Española
is a trademark of
Dodo Books Indian Ocean Ltd. and OmniScriptum S.R.L publishing group

120 High Road, East Finchley, London, N2 9ED, United Kingdom
Str. Armeneasca 28/1, office 1, Chisinau MD-2012, Republic of Moldova, Europe
Printed at: see last page
ISBN: 978-620-0-01106-0

EVOLUCIÓN DEL SISTEMA CONSTRUCTIVO DEL MURO TENDINOSO, DE CARDELLACH A THOMAS

PEDRO PABLO MAGAÑA HERRERA

2024

ÍNDICE DE CONTENIDO

ÍNDICE DE TABLAS

DESCRIPCIÓN

ÍNDICE DE FIGURAS

RESUMEN

La presente investigación integra la relación existente entre tecnología constructiva y medio ambiente, para ser utilizada en la construcción de viviendas empleando el sistema de muros tendinosos no estructurales, donde se da a conocer esta nueva tecnología constructiva no tradicional, ya que integran materiales de origen regional y de bajo impacto ecológico, con el objeto de alcanzar sostenibilidad constructiva a nivel ambiental, económico y social. Con este sistema constructivo se pretende primordialmente, dar cumplimiento a las exigencias de seguridad y resistencia estructural, de esta manera se convierte en una herramienta básica que debe garantizar la calidad de vida digna de todos sus ocupantes, dando respuesta a las necesidades primarias insatisfechas de las familias que son vulnerables desde el punto de vista económico, cual es la de tener un techo que le proporcione abrigo y puedan desarrollar sus actividades socio-culturales.

Teóricamente, el principio filosófico de Cardellach, incorpora el término de sistemas tendinosos en las estructuras, como formas constructivas que tienen su origen en la arquitectura zoológica de los vertebrados, donde estas formas estructurales y constructivas están en un nivel superior de sensibilidad mecánica y de inspiración natural. En los 90´s, Thomas integra diseño, tecnología y cultura, en una alternativa constructiva no convencional llamada muros tendinosos. La tipología de este sistema constructivo consiste en la fabricación in situ de paneles modulares rectangulares planos, reforzados en su interior con una malla de alambre de púas que hace las veces de tendones integrados, recubierta en sus dos caras por una mezcla de mortero, para conformar un marco estructural rígido, compuesto por alguno de las siguientes clases de materiales: madera aserrada, por bambú o guadua angustifolia (Colombia), por ángulo metálico o por estructura en hormigón; constituyendo de esta manera un elemento estructural monolítico que se comportará como un muro confinado, que le dará consistencia y acabado al muro.

Palabras clave: técnicas constructivas no convencionales, medio ambiente sostenible, muro tendinoso, mampostería no reforzada.

ABSTRACT

This research integrates the relationship between construction technology and the environment, to be used in the construction of houses using the non-structural tendon wall system, where this new non-traditional construction technology is made known, since it integrates materials of regional origin and of low ecological impact, in order to achieve constructive sustainability at an environmental, economic and social level. With this construction system, it is primarily intended to comply with the requirements of security and structural resistance, in this way it becomes a basic tool that must guarantee the decent quality of life of all its occupants, responding to the primary unmet needs of families that are economically vulnerable, which is to have a roof that provides shelter and can develop their socio-cultural activities.

Theoretically, Cardellach's philosophical principle incorporates the term of tendon systems in structures, as constructive forms that have their origin in the zoological architecture of vertebrates, where these structural and constructive forms are at a higher level of mechanical sensitivity and natural inspiration. In the 90s, Thomas integrates design, technology and culture, in an unconventional constructive alternative called tendon walls. The typology of this constructive system consists of the on-site manufacture of flat rectangular modular panels, reinforced inside with a barbed wire mesh that acts as integrated tendons, covered on both sides by a mortar mixture, to form a rigid structural frame, composed of one of the following kinds of materials: sawn wood, bamboo or guadua angustifolia (Colombia), metal angle or concrete structure; thus constituting a monolithic structural element that will behave like a confined wall, which will give consistency and finish to the wall.

Keywords: non-conventional construction techniques, sustainable environment, sinewy wall, unreinforced masonry.

INTRODUCCIÓN

La industria de la construcción en la actualidad pasa por un gran momento, no solamente emplea sus métodos constructivos tradicionales, pues dentro de su ciclo evolutivo está implementando nuevos sistemas ecológicos que son amigables con el medio ambiente. El modelo investigado consiste en un nuevo sistema constructivo, compuesto por muros livianos tendinosos para uso no estructural, y se encuentra enmarcada en el campo de la Ingeniería de los Materiales y las Técnicas Constructivas, y se aborda desde el punto de vista ambiental en el área del reciclado de materiales para la construcción, ya que se hace necesaria la búsqueda de alternativas y principalmente de materias primas no tradicionales, con el objeto de plantear soluciones de carácter tecnológico que optimice el aprovechamiento de estos recursos disponibles, que redunde en el bienestar de la comunidad, desde el punto de vista económico, y el mejoramiento del medio ambiente.

Se adelanta en el Capítulo I, un resumen de carácter histórico de los antecedentes constructivos realizados por el ser humano, desde sus primeros inicios de las construcciones palafíticas, siguiendo posteriormente con los mampuestos en la utilización de la piedra, la tierra y el adobe como material constructivo para sus resguardos contra los fenómenos actuantes de la naturaleza.

Las civilizaciones mesopotámicas impulsaron y desarrollaron sus construcciones a partir de la mampostería, principalmente en adobe y posteriormente en ladrillo, con la civilización romana llegó la innovación del sistema constructivo en mampostería, al emplear el concreto romano, compuesto principalmente por cal, agua y ceniza volcánica o puzolana, dando una resistencia y durabilidad con el tiempo, dejando construcciones que perduran hasta nuestros días. En pleno siglo XIX se inventa en Inglaterra el cemento, compuesto por una masa de piedra caliza arcillosa y carbón, los cuales son cocidos a altas temperaturas, dando como producto una mezcla llamada Clinker, nativa de Portland, al ser mezclado con arena, piedra triturada y agua, se le dio el nombre de hormigón. Posteriormente a mediados del mismo siglo se inventa el hormigón reforzado, conformado por barras de acero y la mezcla de hormigón, dicha técnica constructiva prevalece en la actualidad. Adicionalmente se hace una retrospectiva de los materiales de construcción de carácter orgánico, inorgánico y los materiales compuestos.

En el Capítulo II, se hace un relato acerca de los materiales la construcción sostenible, iniciando por su ciclo de vida, las perspectivas de la economía circular en el campo constructivo, también se trata la problemática ambiental de los materiales de construcción.

En el Capítulo III, se realiza una breve reseña histórica acerca del principio de las estructuras tendinosas, partiendo del creador de este principio el Ing. Félix Cardellach, analizando esta nueva temática como un sistema constructivo no convencional y sus componentes.

En el Capítulo IV, Se presenta de carácter informativo, la contextualización de los diferentes análisis y puntos de vista realizados por un número de investigadores, interesados en esta nueva temática de carácter constructiva. Finalmente se realiza la discusión y conclusiones del sistema constructivo de los muros tendinosos.

Siguiendo estos derroteros ambientalistas, esta investigación se realiza con el propósito de aportar y presentar al conocimiento, un nuevo sistema constructivo, teniendo en cuenta desde esta perspectiva, la aplicación de nuevas tecnologías limpias en el campo de la construcción de viviendas de todo género y principalmente de interés social (VIS).

CAPÍTULO I.- ANTECEDENTES CONSTRUCTIVOS

1.1.- Reseña Histórica. De acuerdo a la cronología histórica la familia zoológica *Hominidae,* donde se incluye el género humano, es una de las familias del orden de los Primates, una de las diecisiete agrupaciones superiores reconocidas generalmente entre los mamíferos placentarios existentes, (Howell, 1982, p. 21-22). Hace aproximadamente unos diez millones de años, estos homínidos en su proceso evolutivo eran herbívoros y nómadas que recorrían diariamente grandes distancias en la búsqueda de alimentos vegetales. Debido al clima imperante buscaba refugio y seguridad en las copas de los árboles, al pie de los montes y acantilados; si este era muy frio buscaba las cavidades naturales llamadas cavernas, donde obtenía resguardo y abrigo de la lluvia y vientos predominantes, (Comas, 1977, p. 58). El hombre de las cavernas con el objeto de resguardarse del clima, la lluvia y particularmente de los animales salvajes comenzó su etapa de constructor, cuando levantó las primeras paredes o muros en piedra a la entrada de las cavernas (Perdrizet, 1987, p. 24), a este método constructivo se le llama mampostería, del latín *manus-positus* (poner con la mano).

Siguiendo el proceso evolutivo, biológico y cultural del ser humano, nuestros antepasados prehistóricos elaboraron utensilios de piedra como armas, para ser utilizados en la caza y la pesca de animales, adicionado proteínas a su dieta alimenticia, a este período histórico se le llama Paleolítico. Con los cambios climáticos de la última glaciación acaecidos hace unos doce mil años a.C., en la región que se extiende desde Palestina, a través de Siria hasta la Mesopotamia, llamada media luna fértil, provocó unas alteraciones geográficas, sociales y culturales que permitieron el comienzo de unas nuevas actividades como la agricultura al cultivar plantas y la ganadería al domesticar animales para su propio beneficio. La transformación de algunos grupos de cazadores, pescadores y recolectores en agricultores, y pasar de nómadas a sedentarios, constituyó una decisiva revolución en la historia humana, (De Roux, 1990, p. 26-27). Esta nueva forma de vida tuvo una influencia drástica en las relaciones sociales, dando origen a la vida comunitaria, formando pequeñas aldeas compuestas por viviendas lacustres o palafitos en algunos casos. Comas afirma que los palafitos corresponden a períodos muy avanzados de la prehistoria, dando comienzo al Neolítico, pues su construcción implica sedentarismo (1977, p. 60).

Estos palafitos eran chozas construidas con estacas de madera y lianas de los árboles, erigidas a cierta distancia de la orilla de un río, lago o mar, el método constructivo era el hincado a cierta distancia de las estacas, parales o postes en el fondo del agua, con longitudes entre tres a seis metros, se rigidizaban o endurecían con el fuego para extraer la savia alargando su período de vida, posteriormente la parte intermedia de los postes eran unidas con travesaños horizontales formando un enrejado, sobre el cual se construía una especie de plataforma o piso a cierta altura del nivel del agua para evitar inundaciones. Esta especie de enrejado en madera se realizaba lateralmente hasta llegar a las cabezas de los postes constituyendo las paredes, la techumbre era conformada con las ramas de los árboles o palmas, (Comas,1977, p.183), Figura 1.1.

Figura No. 1.1
Construcción de palafitos

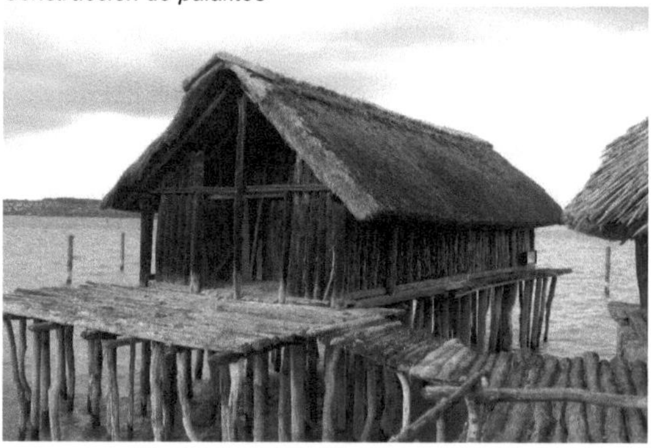

Fuente: https://es.wikipedia.org/wiki/Sitios_palaf%C3%ADticos_prehist%C3%B3ricos_de_los_Alpes

En las regiones geográficas áridas donde escasea la madera, pero abundan los juncos, se construían las chozas con elementos altos y fuertes bien amarrados y eran utilizados como parales que constituían el entramado principal, se incorporaban más juncos para hacer el entramado de las paredes que posteriormente eran recubiertas en su totalidad con tierra o barro mojado, para la techumbre se utilizaba exactamente la misma técnica constructiva. Las techumbres incapaces de soportar las borrascas de las tempestades invernales, fueron sustituidas por techos de doble pendiente, y así, cubriendo con barro las techumbres inclinadas, consiguieron que se deslizaran las aguas de lluvias, (Vitruvii, 1997, p. 54).

El hombre de las cavernas con el objeto de resguardarse del clima, la lluvia y particularmente de los animales salvajes comenzó su etapa de constructor, cuando levantó las primeras paredes o muros en piedra a la entrada de las cavernas (Perdrizet, 1987, p. 24), a este método constructivo se le llama mampostería, del latín *manus-positus* (poner con la mano). Aproximadamente hace unos 8000 años a. C., en algunas zonas o áreas donde la agricultura tuvo un gran desarrollo, se produjo una revolución urbana sin precedentes, que marca el comienzo de un nuevo hito o nueva fase en la historia de la humanidad, se generaron sociedades mucho más complejas que las conocidas históricamente, estas fueron las primeras civilizaciones, cuya etimología es de las palabras latinas *civitas* (ciudad), *civue* (ciudadano), que en su conjunto traduce sociedad urbanizada.

La construcción también sufrió evolución, los muros se construyeron empleando un conjunto de piezas geométricas llamadas adobes, este nuevo material constructivo está compuesto por una masa de barro o arcilla o limo, arena y agua, mezclado con fragmentos picados de hierba seca o paja (tallos secos de plantas gramíneas) utilizado como refuerzo de la mezcla, se moldeaban geométricamente con listones de madera y luego de dejaban cocer o secar al aire libre, iniciando el proceso constructivo estas piezas de adobe se pegaban con una especie de mortero de pega compuesto por los mismos materiales de elaboración de los adobes, pero adicionándole más paja a la mezcla, esta técnica perduró por muchos siglos desde la Mesopotamia hasta el antiguo Egipto, Figura 1.2.

Vitruvii, (1997), asevera que: "No deben fabricarse ni de arena, ni de tierra pedregosa ni de tierra de arena gruesa, pues si se fabrican con estas tierras resultan pesados y cuando se colocan en las paredes, se descomponen por efecto de la lluvia y se deshacen, además las pajas no se apelmazan bien debido a su aspereza", (p. 58). Este conocimiento permitía manipular los materiales edáficos para modificar sus propiedades mediante la adición de una serie de materiales de origen litológico y orgánico, con esto se lograba controlar y estabilizar diferentes propiedades inherentes al material en sí, (Gama et al., 2012).

Figura No. 1.2
Construcción en adobes, Niswa (Omán)

Fuente: https://stock.adobe.com/es/images/edificaciones-antiguas-en-adobe-nizwa-oman/284465081

Las grandes desventajas de las construcciones en adobe era su poca resistencia al ataque del agua, para evitar este problema se comenzó a cocer el adobe a altas temperaturas y quedaba transformado en ladrillo, Torroja, (2010) afirma que siendo: "el primer material creado por el dominio de la inteligencia humana sobre los cuatro elementos: tierra, aire, agua y fuego, ese material tan dócil y humano en el que el barro tras laborioso amasado, hábil moldeo y paciente secado se hizo piedra al calor de un fuego. Una de las principales características constructivas del ladrillo es su dureza y resistencia, razón por la cual en su elaboración se prescindió de la paja que era una adición necesaria para secar los adobes, iniciando el proceso constructivo estas piezas de ladrillo se pegaban con argamasa, del latín *caementum,* una especie de mortero de pega compuesto por cal apagada, arena y agua, utilizando las mismas técnicas constructivas del adobe, consiguiendo perfeccionar sus viviendas cimentadas, levantaron paredes de ladrillo o piedra, con diversas clases de madera construyeron sus techumbres y la cubrieron con tejas, (Vitruvii, 1997). Con este nuevo material y mejorando sus técnicas constructivas el hombre desarrolló un sinnúmero de proyectos en mampostería como casas para viviendas, templos para sus cultos religiosos, palacios para sus gobernantes y murallas como estructuras defensivas para resguardar sus ciudades de los enemigos, por lo tanto se convirtió en un material imprescindible para ese nuevo mundo civilizado, siendo uno de los materiales más antiguos del mundo constructivo inventados por el hombre que aún prevalece hasta la actualidad.

Figura No. 1.3
Complejo religioso en ladrillo a la vista, Iglesia de San Francisco, Cali

Fuente: https://es.wikipedia.org/wiki/Complejo_religioso_de_San_Francisco_%28Cali%29

Con el transcurrir de los siglos, el hombre siguió realizando grandes construcciones utilizando materiales pétreos o arcillosos como mampuestos, dándole estabilidad con la mezcla de argamasa, estas mezclas eran desarrolladas originalmente y provenían de acuerdo a su localización geográfica. Un ejemplo de esta clase de construcciones son sus prodigiosas construcciones de templos religiosos, (Figura 1.3), los palacios y sus famosas construcciones funerarias que aún perduran como las pirámides egipcias que datan alrededor de 2.570 años a. C., donde se utilizaron pastas obtenidas con mezclas de yesos y caliza disueltas en agua para poder unir sólidamente sillares de piedra, (Vidaud, 2013). Los constructores griegos hacia el año 500 a. C. empleaban un mortero hecho de caliza, arena y agua, dando buenos niveles de resistencias a sus monumentales edificios. Pero fueron los romanos en el siglo II a. C. los que inventaron una nueva argamasa llamada cemento puzolánico, compuesto de caliza calcinada, arena fina de origen volcánico, utilizada en la construcción del Coliseo Romano (Figura 1.4), y el Teatro de Pompeya. Vidaud (2013), agrega que: "la puzolana contiene sílice y alúmina, que al combinarse con la cal da como resultado el cemento puzolánico; material que ha demostrado tener un gran desempeño, tanto respecto a su resistencia como a su durabilidad" (p. 21).

Figura No. 1.4
Construcción Coliseo Romano con cemento puzolánico

Fuente: https://es.wikipedia.org/wiki/Coliseo

En Puzol municipio que se localiza en las faldas del Vesubio, se encuentra una clase de polvo que encierra verdaderas maravillas de un modo natural, mezclado con cal y piedra tosca o trozos de ladrillo, ofrece una gran solidez a los edificios y construcciones que se hacen bajo el mar, pues se consolida bajo el agua, (Vitruvii, 1997). Con la caída del Imperio Romano declinó ostensiblemente su uso y la mayoría de los conocimientos constructivos desaparecieron casi que por completo. Durante mucho tiempo se ha considerado no apta para la fabricación de cales y morteros, la cal que contenía arcillas, en el siglo XVIII en Inglaterra se comprobó que algunas cales fabricadas con estas calizas con arcilla, producían unos morteros más resistentes que los elaborados con cales puras y con una propiedad supremamente importante, estos fraguaban en presencia del agua, lo que no ocurría con los morteros tradicionales empleados hasta esos momentos, (Arredondo, 1969).

En el año de 1845 Isaac Johnson mejoró el proceso patentado anteriormente por Aspdin & Parker al obtener un producto llamado Clinker y lo llamó Cemento Portland, por la similitud en el color de unas rocas de caliza provenientes de las canteras en esa isla. El nuevo cemento portland es un material sintético (roca artificial) que fragua y se endurece por medio de una reacción química con el agua, producto de la calcinación controlada a altas temperaturas de materiales arcillosos y calizas, para (Keyser, 1982), "los materiales arcillosos proporcionan sílice (SiO_2) y las calizas calcinadas silicatos de calcio ($CaSiO_3$), por esto se le llama cemento hidráulico", (p. 298).

La invención del hormigón armado se atribuye al constructor William Boutland Wilkinson, que en el año de 1854 solicitó una patente de un sistema constructivo en hormigón que incluía armaduras de hierro, la técnica que empleó consistía en un encofrado con casetones de yeso y fundiendo hormigón sobre unas barras de hierro, constituyendo una losa nervada, (Valenzuela, 2015, p. 135), convirtiéndose en el primer constructor en colocar armaduras de hierro inferiores a flexotracción en los nervios de la losa, posteriormente construyó la primera estructura en hormigón reforzado, que consistía en una casa de dos pisos elaborada con una mezcla de hormigón con refuerzos de hierro y alambre en Newcastle, Figura 1.5.

Figura No. 1.5
Construcción de losa nervada en hormigón reforzado

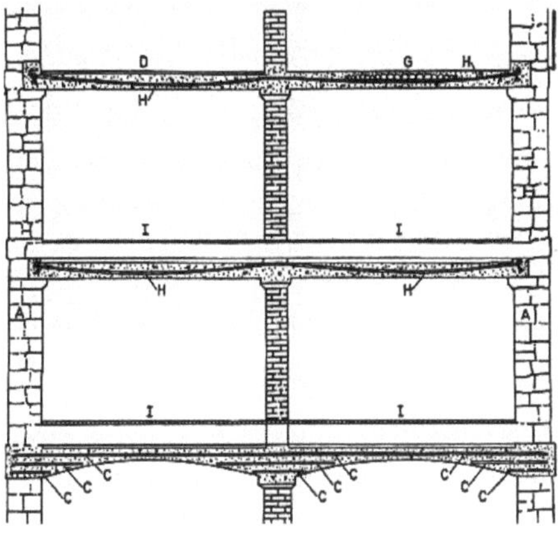

Fuente: Valenzuela, p.135

Françoise Hennebique en 1892 realiza un aporte importante al utilizar barras de sección cilíndricas, las cuales se podían doblar en forma de estribos y emplearse como anclaje, (Lamuz y Andrade, 2015, p. 29). Su sistema estructural empleado consistía en utilizar un esqueleto autoportante de columnas, vigas, adicionadas con varillas de hierro con estribos que permitían la sustentación en la posición debida, y fundido todo el conjunto con una mezcla dosificada de hormigón, Figura 1.6.

Figura No. 1.6
Construcción de columnas y losas nervadas en hormigón reforzado

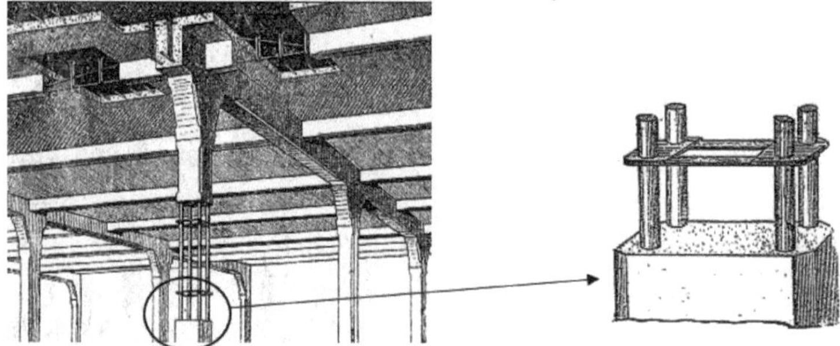

Fuente: Valenzuela, p.137

Todo este cúmulo de nuevos conocimientos que comienzan a ser aplicados siguiendo una regla o metodología, el modelo teórico o diseño, ensayos de ese modelo, pruebas físicas, presencia de errores, se realizan ajustes mejorando el modelo y se siguen nuevamente los mismos pasos anteriores, fueron muchas décadas de ensayos a escala real surgiendo de esta manera el método empírico de ensayo y error, a esto se le llama la revolución científica de la teoría a la tecnología, dejando un gran legado, donde la ciencia teórica que era guardada celosamente por unos pocos va desapareciendo lentamente dando paso a la ciencia aplicada, fusión de la técnica y la ciencia práctica.

1.2.- Materiales Históricos y Actuales de Construcción. Los materiales de construcción son los elementos más importantes en cualquier forma constructiva o estructural, es la base primordial o su esencia, estos se pueden dividir en varios grupos de acuerdo a su composición y naturaleza, Figura 1.7.

1.2.1.- Materiales Orgánicos. Son los producidos por la naturaleza de carácter vegetal, compuestos principalmente por la madera con todos sus derivados y la guadua.

- **Madera.** Es un excelente material de construcción que el hombre ha utilizado desde tiempos antiguos, es un recurso renovable y sostenible que puede ser empleado tal como se encuentra en la naturaleza sin realizarle ningún cambio, ya sea de tipo físico o químico. Es el material de construcción más antiguo, "una de las características propias de la madera y que la diferencian del resto de materiales estructurales, es el hecho de ser el único material vivo que se emplea", (Hernández, 2013, p. 39). Este material está compuesto de celdas alargadas y huecas, cuyos ejes corren paralelos a la longitud del árbol, similar a un conjunto de tubos de paredes delgadas adheridas entre sí y sus celdas de encuentran aglomeradas por medio de una resina natural llamada lignina, (Keyser, 1982, p. 385). Los árboles maderables se desarrollan en las zonas boscosas de coníferas localizadas en las zonas frías y templadas del hemisferio norte y en menor proporción en el sur, estos bosques están compuestos principalmente por la homogeneidad de las especies de coníferas, tales como pinos, abetos, cipreses. En las zonas tropicales se encuentran los bosques de latifoliadas, compuestos por una gran variedad de especies maderables como el nogal, ceibo, caoba, chanul, cedro, etc. Es uno de los materiales de construcción más sanos que existen, al actuar como regulador natural del medio ambiente interior, es un material vivo que respira ayudando a la ventilación, estabiliza la humedad, filtra y purifica el aire, (Ghoreishi, 2011, p. 29). Por sus buenas propiedades físicas y mecánicas la madera es muy utilizada en el campo de la construcción, ya sea como estructura principal para viviendas, en el campo de la ornamentación para construir mobiliario, puertas, ventanas, rejas, revestimientos de paredes y pisos, también es muy utilizada estructuralmente en los edificios de hormigón para la confección de tableros de encofrados para vigas, losas, columnas, muros reforzados. Otra modalidad de la madera muy utilizada es la estructura de madera laminada encolada, se emplea para estructuras de cubierta y vigas estructurales con el objeto de cubrir grandes luces. El uso de la madera como material de construcción, tiene las siguientes características, Figura No. 1.8.

<u>Ventajas.-</u> i) Producto de origen natural renovable

ii) Facilidad de trabajo y modelado, uso muy versátil

iii) Aislante térmico

iv) Durable cuando se toman las medidas adecuadas de protección

v) Buenas propiedades físicas y mecánicas

<u>Desventajas.-</u> i) Muy sensible al medio ambiente expuesto a la intemperie

ii) Muy combustible

iii) Vulnerable a los agentes externos

iv) Dimensionamiento limitado en su estado natural

v) Tala indiscriminada de ciertas especies en los bosques

Figura No. 1.8
Estructura de madera laminada

Fuente: Blog Maderera Andina, https://maderera-andina.com/maderera-andina-quieres-trabajar-con-madera-laminada-conoce-_algunos-proyectos/

- **Guadua.** La guadua es una planta leñosa perteneciente a la familia del bambú, que en el mundo cuenta con unas 1.250 especies aproximadamente, de las cuales en Colombia existe un gran número de especies de las que sobresale la guadua angustifolia, clasificada por el sabio Humboldt con el nombre científico de *Bambusa guadua*. Esta especie en particular se desarrolla abundantemente en regiones muy fértiles comprendidas hasta los 1.700 metros de altura sobre el nivel del mar, formando grandes extensiones de guaduales, estas condiciones climáticas la hacen ideal desde el punto de vista económico para el aprovechamiento en diversos campos, es un recurso sostenible y renovable que se automultiplica vegetativamente, siendo un retenedor de dióxido de carbono, (Hidalgo, 1978, p. 5-6). En la industria de la construcción es muy empleada para cerramientos, cimbras, andamios, formaletas, encofrados, casetones; en la zona rural es el material indispensable en la construcción de viviendas, Figura No. 1.9. El uso de la guadua como material de construcción, tiene las siguientes características:

Ventajas.- i) Por su geometría y su interior hueco es un material liviano

        ii) Los nudos le proporcionan rigidez y elasticidad

        iii) Muy versátil en la construcción de viviendas

        iv) Como tubería es útil en la conducción de fluidos

Desventajas.- i) Muy sensible al medio ambiente expuesto a la intemperie

        ii) Muy combustible

        iii) Vulnerable a los agentes xilófagos si no se le hace tratamiento

        iv) Dimensionamiento muy variado en su geometría

Figura No. 1.9
Guadual

Fuente: https://guaduabambucolombia.co/tag/tolima/

1.2.2.- Materiales Inorgánicos. Son los materiales que se encuentran en la litosfera y que han sido utilizados por el hombre desde tiempos antiguos, compuestos principalmente por minerales, entre estos se encuentran los pétreos, la tierra, el adobe y el ladrillo.

- **Pétreos.** Las rocas son un conjunto de agregados compuestos por partículas minerales con diversas dimensiones y sin forma determinada, este material de construcción se encuentra formando grandes masas llamadas yacimientos, los cuales son explotados a cielo abierto o canteras, es el primer material utilizado por el hombre primitivo. Este material se puede trabajar como elemento resistente cuando se colocan en la obra en su estado natural, como elemento decorativo cuando se trabajan de antemano para darle una forma, dimensión o terminación determinada, como materia prima manufacturada cuando se obtienen subproductos que son utilizados posteriormente en otras actividades.

De acuerdo al uso constructivo se pueden emplear como cimentaciones, muros ciclópeos, paredes divisorias, pisos, acabados arquitectónicos y decorativos en fachadas e interiores de las edificaciones, en vías y principalmente en pavimentos, en bóvedas y arcos, pedraplenes en presas, entre otros, o como materia prima para obtener otros materiales de construcción. El uso de este como material de construcción, tiene las siguientes características, Figura No. 1.10.

Ventajas.- i) Muy durable

ii) Aislante acústico y térmico

iii) Resistente a los agentes atmosféricos

iv) Propiedades físicas y mecánicas

Desventajas.- i) Problemas para transportar grandes rocas

ii) Dimensionamiento muy variado en su geometría

iii) Mayor tiempo de ejecución

iv) Necesidad de bastante mano de obra

v) Materiales con alta capacidad de absorción

Figura No. 1.10
Construcción en piedra

Fuente: http://castellonenarchivos.blogspot.com/p/construcciones-de-piedra-en-seco.html

- **Tierra.** Se encuentra en todos los lugares alrededor del globo terráqueo, es uno de los materiales más antiguos empleado por el hombre hace miles de años, su empleo en la construcción de viviendas y muros fue muy utilizada, no se necesitaba de grandes conocimientos ya que se empleaba la técnica de la tierra pisada. Las casas más primitivas se construyeron en el pasado con este material, hoy día más de un tercio de la población mundial vive en casas de tierra, en los lugares donde es tradicional se mantiene este tipo de construcción, pero en algunos países desarrollados, se continúa empleando este material en las construcciones de tipo rural, (Ghoreishi, 2011, p. 24). Este método constructivo consistía en levantar paso a paso un muro macizo utilizando tierra (barro) o arcilla húmeda mezclada con arena y paja picada, los cuales eran vaciados en un encofrado de madera llamado tapial, para ser compactados in situ con pisones manuales en capas horizontales. Terminada esta labor se deja secar el muro y se levanta o desencofra el tapial hasta conseguir la altura deseada del muro, Figura No. 1.11. El uso de la tierra pisada como material de construcción, tiene las siguientes características:

Ventajas.- i) Buen aislante térmico, acústico y resistente al fuego

ii) Fácil de obtener y respetuosa con el medio ambiente

iii) Muy versátil en la autoconstrucción de viviendas

iv) Es reciclable, sus escombros se pueden reintegrar a la naturaleza

v) La tierra es un material inerte, no es contaminante ni tóxico

21

<u>Desventajas.-</u> i) Muy sensible al medio ambiente si es expuesto a la intemperie

ii) Construcción limitada en altura

iii) Vulnerable al agua

iv) Vulnerabilidad sísmica

v) Realizar mantenimiento periódico

Figura *No. 1.11*
Vivienda construida con tapia apisonada o tapial

Fuente: https://construyediferente.com/tapial-tecnica-antigua-nueva/

- **Adobe.** Es el primer material de construcción creado por el hombre y que todavía se encuentra en uso, debido a su fácil elaboración artesanal que lo hace autoconstruible, con técnicas artesanales tradicionales y su bajo costo económico. Su proceso de fabricación se realiza con la tierra arcillosa que se le agrega arena, agua, paja picada y boñiga o estiércol de vaca, todos estos materiales se revuelven formando una masa pastosa manejable que es colocada en los moldes geométricos de madera, dando lugar a los adobes en tierra, para posteriormente dejarlos secar en sitios cubiertos. Su utilidad en la construcción es muy variada, se pueden construir muros verticales aislados o entrelazados para conformar viviendas, la unión entre los bloques se hace con el mismo material del adobe. El uso del adobe como material de construcción, tiene las siguientes características, Figura No. 1.12.

<u>Ventajas.-</u> i) Buen aislante térmico, acústico y resistente al fuego

ii) Muy versátil en la autoconstrucción de viviendas

iii) Sus escombros se pueden reintegrar a la naturaleza

<u>Desventajas.-</u> i) Muy sensible al medio ambiente si es expuesto a la intemperie

ii) Construcción limitada en altura

iii) Realizar mantenimiento periódico

iv) Vulnerable al agua

v) Vulnerabilidad sísmica

Figura *No. 1.12*
Vivienda construida en adobe

Fuente: https://es.wikipedia.org/wiki/Adobe

- **Ladrillo.** Es el primer material de construcción fabricado por el hombre mediante un proceso de producción, adicionando la cocción a los antiguos adobes, con este proceso se está conformando la primera piedra artificial al obtener por este medio propiedades físicas y mecánicas como la durabilidad y resistencia, por estas características tan importantes el ladrillo fue desplazando paulatinamente al adobe. Su utilidad en la construcción es muy variada, se pueden construir muros de mampostería verticales aislados o entrelazados para conformar viviendas en altura, la unión entre los bloques se hace con un mortero de cal y arena. El uso del ladrillo como material de construcción, tiene las siguientes características, Figura No. 1.13.

Ventajas.- i) Buen aislante térmico, acústico y resistente al fuego

ii) No necesita realizar mantenimiento periódico

iii) Muy versátil en la construcción de viviendas

iv) Sus escombros se pueden reutilizar

Desventajas.- i) Empleo de mucha energía en la producción

ii) Variabilidad en los tamaños y resistencia

iii) Vulnerable al medio ambiente afectando su durabilidad

iv) Vulnerabilidad sísmica

Figura *No. 1.13*
Vivienda construida en ladrillo

Fuente: https://ar.pinterest.com/pin/877709414870763298/

1.2.3.- Materiales Compuestos. Son los materiales que no se encuentran en la naturaleza y son formados por la unión de varias materias primas, que por medio de procesos industriales son transformados y se obtienen otros materiales que no se encuentran en la naturaleza, y son utilizados por el hombre en la actividad constructiva, entre estos materiales se encuentra la cal, el hormigón, el hierro y sus derivados, el vidrio.

- **Cal.** Es todo producto residuo del proceso de la calcinación a unos 1.000 ℃ de las rocas calizas llamada cal viva (óxido de calcio), que posteriormente es apagada por intermedio del agua, obteniéndose un material hidratado en forma de pasta o en polvo (hidróxido de calcio). En la antigüedad fueron los griegos quienes utilizaron por primera vez la cal como material de construcción, en revestimientos o estucos de los muros de mampostería, ya fuera en adobe o en ladrillo. Posteriormente fue utilizada en la confección de morteros, destinados a unir una serie de elementos mampuestos de piedra, ladrillo, para constituir una unidad de construcción con características propias, (Arredondo, 1989, p. 7- 8).

Los morteros de cal son los responsables de la estabilidad de las grandes construcciones de la antigua Grecia, Roma y construcciones medievales, su reemplaza se produjo con la invención del cemento. Su utilidad en la construcción es muy variada, se pueden construir muros de mampostería verticales aislados o entrelazados para conformar viviendas en altura, la unión entre los bloques se hace con un mortero de cal y arena, en el enlucido exterior de los muros de mampostería, principalmente en la restauración de monumentos y construcciones arquitectónicas antiguas. El uso de la cal como material de construcción, tiene las siguientes características, Figura No. 1.14.

<u>Ventajas.-</u> i) Permite respirar a las construcciones

ii) Reabsorbe el dióxido de carbono emitido por la calcinación

iii) Temperatura de cocción más baja que la del cemento

iv) Es transpirable, higroscópico e ignífugo

v) Rapidez de construcción con otros elementos

vi) La humedad no permanece en las paredes

vii) Es aséptico, bactericida y fungicida

viii) Buena plasticidad y trabajabilidad

ix) Debido a su estabilidad volumétrica no hay retracción

x) Bajo riesgo de agrietamiento

<u>Desventajas.-</u> i) Bajo módulo de elasticidad

ii) Es débil y se descompone más rápido que la mampostería

iii) Su fraguado es más lento que el cemento

iv) Su uso estructural es muy limitado

Fuente: https://www.terram.cat/portfolio/arrebossat-de-terra-i-calc-sobre-mur-de-bales-de-palla-habitatge-unifamiliar-a-yelamos-de-arriba-guadalajara/?lang=es

- **Hormigón.** Durante mucho tiempo se había considerado la caliza como no apta para la construcción, ni la fabricación de cales y morteros debido a que la cal contenía arcillas, pero en el siglo XVIII en Inglaterra se comprobó que algunas cales fabricadas con estas calizas con arcilla, producían unos morteros más resistentes que los elaborados con cales puras y con una propiedad supremamente importante, estos fraguaban en presencia del agua, lo que no ocurría con los morteros tradicionales empleados hasta esos momentos, (Arredondo, 1969, p. 7). En el año de 1845 Isaac Johnson mejoró el proceso patentado anteriormente por Aspdin & Parker al obtener un producto llamado Clinker y lo llamó Cemento Portland, por la similitud en el color de unas rocas de caliza provenientes de las canteras en esa isla.

El nuevo cemento portland es un material sintético (roca artificial) que fragua y se endurece por medio de una reacción química con el agua, producto de la calcinación controlada a altas temperaturas de materiales arcillosos y calizas, los materiales arcillosos proporcionan sílice (SiO_2) y las calizas calcinadas silicatos de calcio ($CaSiO_3$), por esto se le llama cemento hidráulico, (Keyser, 1982, p. 298). William Boutland en el año de 1854 construyó la primera estructura en hormigón reforzado, que consistía en una casa de dos pisos elaborada con una mezcla de hormigón con refuerzos de hierro y alambre, también Françoise Hennebique en 1892 realiza un aporte importante al utilizar barras de sección cilíndricas, las cuales se podían doblar y emplearse como anclaje (Lamuz, 2015, p. 14).

El hormigón obtenido tiene el comportamiento de una roca artificial, asimilando grandes cargas a compresión, pero con una limitación a la tracción, pero "es necesario compensar los esfuerzos destructores colocando piezas de un material que sea resistente a la tracción. Este es el caso del hierro que se utilizó desde hacía tiempo en las construcciones de mampostería, (Pérez, 2012, p. 7). La unión de estos dos materiales de construcción, llamado hormigón reforzado, conlleva un sinnúmero de posibilidades de orden constructivo y versatilidad de soluciones estructurales, aprovechando al máximo las características físicas y mecánicas en la unión de estos materiales, que trabajan conjuntamente en las obras, siendo utilizado en las grandes obras de construcción e infraestructura alrededor del mundo.

Pérez concluye que "el hormigón armado permite disociar los elementos constructivos, desaparece de esta manera el muro de carga, se eliminan todos los elementos de apoyo y es permitida la construcción de ménsulas y voladizos, ampliando así el catálogo de las soluciones estructurales", (2012, p. 10). Su utilidad en la construcción es muy variada, se pueden construir estructuras de edificios en hormigón reforzado, muros de mampostería verticales aislados o entrelazados para conformar viviendas en altura, la unión entre los bloques se hace con un mortero de cemento y arena. El uso del hormigón como material de construcción, tiene las siguientes características, Figura No. 1.15.

Ventajas.- i) Es un material de aceptación universal
              ii) Fácil disponibilidad de los materiales
              iii) Adaptable a cualquier forma estructural y arquitectónica
              iv) Propiedades físicas y mecánicas

v) Resistente al fuego

vi) Alta durabilidad

vii) Requiere de muy poco mantenimiento

viii) Buena plasticidad y trabajabilidad para construir

ix) Monolitismo y continuidad de la estructura

Desventajas.- i) Alto volumen de construcción y altos costos

ii) Se debe tener en cuenta el comportamiento sísmico estructural

iii) Su fraguado y puesta en obra es lento

iv) Los elementos no estructurales son más cargas gravitatorias

v) Requiere de grandes secciones con mucho peso

vi) Contracciones durante el proceso de fraguado y endurecimiento

Figura No. 1.15
Construcción de edificio en hormigón reforzado

Fuente: http://www.caminoymarchal.com/QuienesSomos.aspx

- **Hierro y sus derivados.** La historia del hierro se encuentra ligada al desarrollo de la humanidad prehistórica, su uso se popularizo en algunas sociedades antiguas del medio oriente, donde la tecnología metalúrgica llega a su máxima expresión alrededor del siglo XII a. C, llamada por los historiadores Edad del Hierro, período caracterizado principalmente por la fabricación de herramientas agrícolas, armas de combate. Es un material metálico, con propiedades magnéticas, maleable y su color es blanco plateado; es un elemento químico con símbolo Fe, Número Atómico 26, situado en el Grupo 8 de la Tabla Periódica de los elementos, siendo el cuarto elemento más abundante en la Tierra.

La producción de aceros de refuerzo se realiza en plantas siderúrgicas para la industria de la construcción, que consiste en la aleación de hierro con otros elementos metálicos y no metálicos para obtener ciertas propiedades físicas y mecánicas. Se considera acero a una aleación de hierro con un contenido de Carbono (C) máximo del 2% adicionado de pequeñas cantidades de Silicio (Si), Manganeso (Mn), Fósforo (P), y Azufre (S). El acero es uno de los materiales de construcción más versátiles que se encuentran, se producen barras corrugadas, perfiles estructurales en todas sus formas, ángulos estructurales, tubería circular, láminas planas cold rolled.

En el campo de la construcción se utilizan en edificios metálicos, en cubiertas, en cimentaciones de estructuras, en infraestructura vial como puentes metálicos, sus derivados en fachadas colgantes. El uso del acero como material de construcción, tiene las siguientes características, Figura No. 1.16.

Ventajas.- i) Alta resistencia a la tracción

ii) Buenas propiedades físicas y mecánicas

iii) Facilidad de unir varios miembros con soldadura, remaches, pernos

iv) Sus escombros se pueden reutilizar

v) Rapidez de construcción con otros elementos

vi) Resistente a la fatiga

Desventajas.- i) Costos de mantenimiento

ii) Propagador del calor

iii) Vulnerable a las altas temperaturas

iv) Susceptibilidad al pandeo si son esbeltos

v) Vulnerable a la corrosión

Figura No. 1.16
Construcción de puente metálico

Fuente: http://www.adurcal.com/enlaces/mancomunidad/guia/tablate/puenteautooator.htm

- **El Vidrio.** La historia del vidrio se encuentra aproximadamente entre los tres mil años a.C. en la media luna fértil, donde los fenicios y los egipcios fueron los principales fabricantes y proveedores de este material, con la expansión del imperio romano muchos artesanos fueron traídos a Roma para enseñar sus técnicas de fabricación y producción.

Este material se obtiene al mezclar las materias primas de cal, arena, carbonato sódico y colocarlas al fuego a una temperatura de 1500 °C, se obtenía la estructura amorfa de un material duro y transparente. Es un material sólido, duro, frágil, transparente, que se obtiene por fusión a altas temperaturas de una mezcla de silicatos de sodio (Na_2SiO_3), Calcio (Ca), Plomo (Pb).

En el campo de la construcción tiene mucho uso como elemento decorativo y arquitectónico, se utiliza en viviendas de todo género, edificios, cubiertas, invernaderos, sus derivados como el vidrio plano, templado de seguridad, bloques de vidrio, en fachadas colgantes, puertas, ventanas de todo tipo, vitrinas en los centros comerciales, paredes divisorias. El uso del vidrio como material de construcción, tiene las siguientes características, Figura No. 1.17.

<u>Ventajas.-</u> i) Alta transparencia u opacidad

ii) Buenas propiedades físicas y mecánicas

iii) Aislante térmico y acústico

iv) Sus escombros se pueden reutilizar

v) Rapidez de colocación

vi) Resistente a la intemperie

<u>Desventajas.-</u> i) Frágil al impacto

ii) No soportan los cambios bruscos de temperatura

iii) Vulnerable a las altas temperaturas

iv) Mantenimiento periódico

v) Alto costo

Figura No. 1.17
Edificio con fachada flotante en vidrio

Fuente: https://vidsa.cr/fachadas-en-vidrio/

En la Tabla No. 1.1, se presenta un resumen de las propiedades (ventajas y desventajas) de los materiales de construcción más utilizados en este campo.

Tabla No. 1.1
Resumen propiedades materiales de construcción

TÉCNICA CONSTRUCTIVA	VENTAJAS	DESVENTAJAS
MADERA	Producto de origen natural renovable, facilidad de trabajo y modelado, uso muy versátil, aislante térmico, durable cuando se toman las medidas adecuadas de protección, buenas propiedades físicas y mecánicas.	Muy sensible al medio ambiente expuesto a la intemperie, muy combustible, vulnerable a los agentes externos, dimensionamiento limitado en su estado natural, tala indiscriminada de ciertas especies en los bosques.
GUADUA	Por su geometría y su interior hueco es un material liviano, los nudos le proporcionan rigidez y elasticidad, muy versátil en la construcción de viviendas, como tubería es útil en la conducción de fluidos.	Muy sensible al medio ambiente expuesto a la intemperie, muy combustible, vulnerable a los agentes xilófagos si no se le hace tratamiento, dimensionamiento muy variado en su geometría.
PÉTREOS	Muy durable, aislante acústico y térmico, resistente a los agentes atmosféricos, buenas propiedades físicas y mecánicas.	Problemas para transportar grandes rocas, dimensionamiento muy variado en su geometría, mayor tiempo de ejecución, necesidad de bastante mano de obra, materiales con alta capacidad de absorción.
TIERRA	No presenta contracciones en el secado, construcciones con poca madera, buen aislante térmico, resistente al fuego, buen aislante acústico, frente a incendios, homogeneidad del muro, mano de obra económica, no necesita revoque. Fácil de obtener y respetuosa con el medio ambiente, muy versátil en la autoconstrucción de viviendas, es reciclable, sus escombros se pueden reintegrar a la naturaleza, es un material inerte, no es contaminante ni tóxico.	Muy sensible al medio ambiente cuando es expuesto a la intemperie, construcción limitada en altura, vulnerable al agua, vulnerabilidad sísmica, realizar mantenimiento periódico

TÉCNICA CONSTRUCTIVA	VENTAJAS	DESVENTAJAS
ADOBE	Buen aislante térmico, acústico y resistente al fuego, muy versátil en la autoconstrucción de viviendas, sus escombros se pueden reintegrar a la naturaleza, bajo consumo energético.	Muy sensible al medio ambiente expuesto a la intemperie, limitado en altura, vulnerable al agua, vulnerabilidad sísmica, realizar mantenimiento periódico.
LADRILLO	Buen aislante térmico, acústico y resistente al fuego, no necesita realizar mantenimiento periódico, muy versátil en la construcción de viviendas, sus escombros se pueden reutilizar.	Empleo de mucha energía en la producción, variabilidad en los tamaños y resistencia, vulnerable al medio ambiente afectando su durabilidad, vulnerabilidad sísmica.
CAL	Permite respirar a las construcciones, reabsorbe el dióxido de carbono emitido por la calcinación, temperatura de cocción más baja que la del cemento, es transpirable, higroscópico e ignífugo, rapidez de construcción con otros elementos, la humedad no permanece en las paredes, es aséptico, bactericida y fungicida, buena plasticidad y trabajabilidad, debido a su estabilidad volumétrica no hay retracción, bajo riesgo de agrietamiento.	Bajo módulo de elasticidad, es débil y se descompone más rápido que la mampostería, su fraguado es más lento que el cemento, su uso estructural es muy limitado.
HORMIGÓN	Es un material de aceptación universal, fácil disponibilidad de los materiales constitutivos, adaptable a cualquier forma estructural y arquitectónica, buenas propiedades físicas y mecánicas, resistente al fuego, alta durabilidad, requiere de muy poco mantenimiento, buena plasticidad y trabajabilidad para construir, monolitismo y continuidad de la estructura.	Alto volumen de construcción y altos costos, se debe tener en cuenta el comportamiento sísmico estructural, su fraguado y puesta en obra es lento, los elementos no estructurales son más cargas gravitatorias, requiere de grandes secciones con mucho peso, contracciones durante el proceso de fraguado y endurecimiento, se requieren altas cantidades de materiales no renovables.

TÉCNICA CONSTRUCTIVA	VENTAJAS	DESVENTAJAS
HIERRO	Alta resistencia a la tracción, buenas propiedades físicas y mecánicas, facilidad de unir varios miembros con soldadura, remaches, pernos, sus escombros se pueden reutilizar, rapidez de construcción con otros elementos, resistente a la fatiga.	Costos de mantenimiento, propagador del calor, vulnerable a las altas temperaturas, susceptibilidad al pandeo si son esbeltos, vulnerable a la corrosión.
VIDRIO	Alta transparencia u opacidad, buenas propiedades físicas y mecánicas, aislante térmico y acústico, sus escombros se pueden reutilizar, rapidez de colocación, resistente a la intemperie.	Frágil al impacto, no soportan los cambios bruscos de temperatura, vulnerable a las altas temperaturas, mantenimiento periódico, alto costo.

CAPÍTULO II.- CONSTRUCCIÓN SOSTENIBLE

La Comisión Mundial del Medio Ambiente y Desarrollo de la ONU se reúne en 1987, donde varios países redactan el famoso Informe Brundtland, producto del cual aparece el término acuñado mundialmente como Desarrollo Sostenible, el cual define, cómo debe comportarse la humanidad para satisfacer las necesidades del presente, sin comprometer las oportunidades de las generaciones futuras que satisfagan las suyas. El desarrollo sostenible no es un concepto eminentemente ecológico, este interactúa equilibradamente en la triada del campo ecológico, el social y el económico.

La construcción sostenible es un nuevo modelo de edificación, donde se tienen en cuenta los impactos ambientales relacionados con el proceso constructivo del proyecto edificatorio, "sus premisas principales son optimizar los recursos de los materiales de construcción y regular al máximo los consumos de estas materias primas", (Magaña, 2022, p. 76). La sostenibilidad no consiste en mantener los recursos naturales intactos, sino que implica hacer un uso eficiente de los mismos, (Mata, 2009, p. 6).

La construcción sostenible presenta diferentes alternativas de uso de los materiales tradicionales, lo mismo que técnicas ancestrales de construcción empleando el adobe, el tapial, el bahareque, la madera, la guadua en las diversas construcciones rurales y campesinas. La construcción sostenible está basada en la adecuada elección de los materiales, en los procesos constructivos y el ahorro de energía, también se refiere al entorno urbano y al desarrollo del mismo, (Casas, 2011, p. 12). La construcción sostenible ha tenido importantes avances en las últimas décadas, lo cual ha facilitado su empleo en la construcción de viviendas más económicas. Bedoya la define como: "respetuosa y comprometida con el medio ambiente, hace un uso sostenible de la energía, minimiza sus impactos, reduce el

consumo energético, no desperdicia materiales, sino que reutiliza y recicla...",
(2011, p. 18),

La construcción sostenible se basa en las siguientes premisas, (Casas, 2011, p. 15-18):

- Se adapta y es respetuosa con el entorno
- Optimizar el empleo de los materiales de construcción.
- Regular al máximo los consumos de las materias primas.
- Ahorro energético y utilización de energías renovables
- Empleo de tipologías de las técnicas constructivas adaptadas a la zona
- Es estable, confortable, segura, durable, funcional
- Controlar la generación de los residuos de construcción
- Correcta integración con el medio ambiente, minimizando los impactos ambientales negativos que se puedan generar durante la construcción.
- Eficiente relación costo-beneficio en la construcción.

Cruz, hace énfasis que la construcción sostenible "reflexiona sobre el impacto ambiental de todos los procesos implicados en una vivienda, desde la obtención de los materiales de fabricación que no produzcan desechos tóxicos ni mucha energía, y las técnicas de construcción que produzcan un mínimo deterioro ambiental", (2013, p. 3).

Se identifican los aspectos básicos de la construcción sostenible, (2013, p. 4):

- Protección del ecosistema sobre el que se asienta
- Conservación de los recursos materiales, hídricos
- Los sistemas energéticos que fomentan el ahorro
- Los materiales de construcción y su ciclo de vida
- El reciclaje y la reutilización de los residuos
- Control adecuado de los residuos de construcción
- Integración de las fuentes de energía alternativas
- Diseños eficientes para consumos mínimos de energía

2.1.- Materiales de Construcción Sostenibles. Los materiales de construcción sostenibles que se deben utilizar en la construcción de una vivienda sostenible, son aquellos que tengan bajo impacto ambiental, que sean duraderos, que necesiten poco mantenimiento y que se puedan reciclar, reutilizar o recuperarse. Los criterios para la elección de estos materiales son los siguientes, (Ghoreishi; 2011, p. 12):

- Salud, los materiales deben ser naturales y libres de tóxicos.
- Ecológicos, deben tener un origen local, que produzca bajo impacto en el momento de su extracción y transporte.
- Ética, que tengan una recuperación social en su producción al fomentar actividades y oficios productivos.
- Sostenibilidad, que los materiales tengan un bajo impacto ambiental y sean sostenibles en su ciclo de vida.
- Reciclaje y reutilización, si cumplen con estas características.
- Emisiones tóxicas, deben ser libres de esta clase de emisiones.
- Criterio energético, debe producir la más baja energía en su producción.

En el campo de la construcción la selección de materiales sostenibles, se ha convertido en un factor muy importante a considerar, principalmente por su fabricación y otros factores inherentes como la huella ambiental, que causan impacto en el medio ambiente. Se presenta entre otros, un listado de estos materiales sostenibles, que generan un bajo impacto en el medio ambiente:

- ❖ Madera aserrada recuperada y reciclada
- ❖ Acero reciclado
- ❖ Arcilla natural o barro cocido
- ❖ Plástico y caucho reciclado
- ❖ Piedra natural
- ❖ Celulosa
- ❖ Bambú
- ❖ Cemento termocrónico
- ❖ Hormigón autorreparable

❖ Tejas sintéticas recicladas

❖ Materiales impresos en 3D

2.2.- Ciclo de Vida Materiales de Construcción. Todos los procesos de producción de materiales de construcción tienen un ciclo de vida, esta es una herramienta eficaz que entrega información objetiva acerca de los materiales y procesos constructivos. El Análisis del Ciclo de Vida (ACV), es una metodología utilizada para realizar la medición del impacto ambiental de un proyecto, producto, en toda su vida de servicio, al establecer el análisis inicial para la reducción de las emisiones de carbono de cualquier proceso edificatorio o productivo. Se considera que el ciclo de vida (ACV) tiene cuatro etapas, las cuales se enumeran y configuran en la Figura No. 2.1, (MADS, 2022, p. 36):

- ➤ Etapa I, Fabricación, (Extracción de materias primas, proceso de fabricación)
- ➤ Etapa II, Construcción, (Distribución y transporte de las materias primas, puesta en obra y construcción)
- ➤ Etapa III, Uso y Mantenimiento, (Vida útil de la edificación)
- ➤ Etapa IV, Deconstrucción, (Final de la vida útil, disposición de desechos, reúso, recuperación, reciclaje)

Figura No. 2.1
Ciclo de vida materiales de construcción

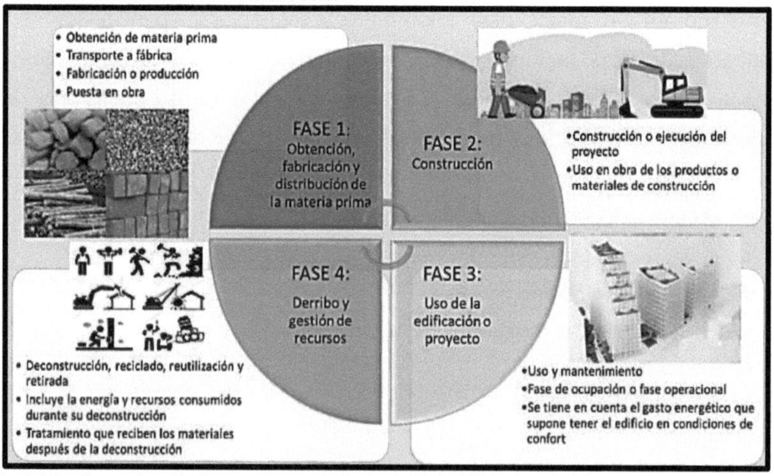

Fuente: https://www.minambiente.gov.co/wp-content/uploads/2023/06/Guia-de-materiales-para-la-construccion-sostenible.pdf

2.3.- La Economía Circular en el Sector de la Construcción. La Economía Circular (EC) es una metodología y modelo que representa un cambio fundamental en la producción y consumo, tiene los siguientes objetivos, Figura No. 2.2, (MADS, 2022, p. 15):

- Considera los impactos medio ambientales en todo el ciclo de vida de un producto y se integran desde su concepción.
- Reintroducir en el circuito económico, los productos que ya cumplieron su ciclo de vida.
- Reutilizar ciertos productos que todavía pueden funcionar en la elaboración de nuevos productos reciclados.
- Implementar un segundo ciclo a los materiales deficientes e imperfectos.
- Reciclar ciertos productos que se encuentran presentes en los residuos de construcción.

Figura No. 2.2
Economía circular del sector de la construcción

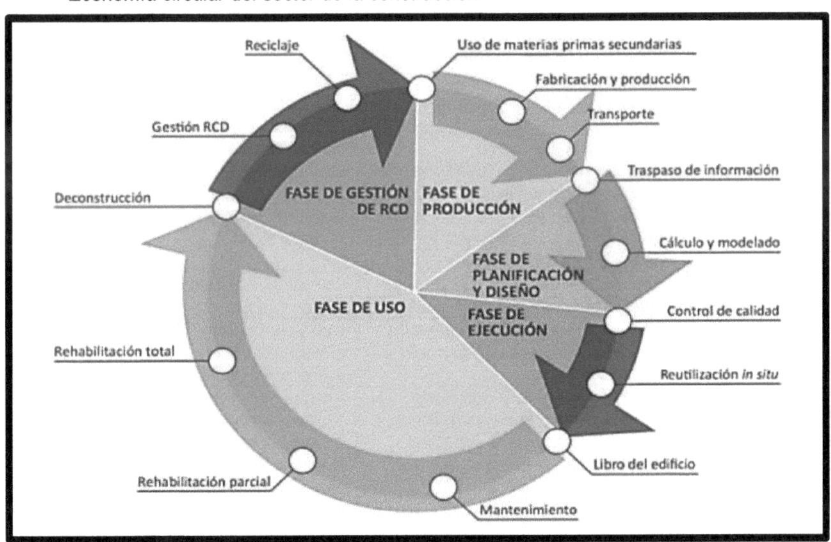

Fuente: https://www.minambiente.gov.co/wp-content/uploads/2023/06/Guia-de-materiales-para-la-construccion-sostenible.pdf

2.3.1.- Principales Materiales de Construcción. Los materiales de construcción proceden de materias primas o producto elaborado, son los componentes de los diferentes elementos constructivos de una estructura o edificación. Existe una variedad muy amplia de los materiales empleados en el sector de la construcción, los cuales son fundamentalmente empleados en toda clase de proyectos, como las edificaciones en general y las diversas construcciones de infraestructura. Se hace la presentación y clasificación de los materiales de construcción más utilizados, teniendo en cuenta su función en el campo de la construcción y las materias primas empleadas en su proceso industrial, Tabla No. 2.1, (MADS, 2022, p. 34-35):

Tabla No. 2.1
Grupo de materiales empleados en la construcción

MATERIAL	CAMPO DE LA CONSTRUCCIÓN	MATERIAS PRIMAS
Acero	Alambres, estructuras de acero de vigas, columnas, losas, pisos	Materiales férreos, carbón, materiales químicos, chatarra de hierro
Asfalto	Pavimentos de vías	Agregados pétreos, emulsión asfáltica o alquitrán
Cemento	Hormigones en general, morteros como recubrimientos en muros, paredes y pisos, baldosas	Roca caliza, suelo de arcilla, mineral de yeso, agua
Cerámico	Paredes de mampostería, tejas, recubrimientos en pisos, paredes	Arcillas, arenas, caolín, yesos, sílice, feldespato, talco, agua
Láminas de panel yeso (drywall)	Construcción en seco, revestimiento de paredes y cielos falsos en interiores	Yesos, láminas de cartón o papel, hilos de vidrio
Láminas de superboard	Construcción en seco, revestimiento de paredes y cielos falsos en interiores y exteriores	Cemento, fibras de celulosa, cuarzo, agua
Hormigón	Estructuras de vigas, columnas, losas, pisos, muros, paredes	Cemento, agregados pétreos, agua
Pintura	Recubrimientos superficiales de paredes, cielos rasos, estructuras metálicas	Cal, yeso, caolín, aluminio, dióxido de titanio, agua, solventes minerales, resinas
Madera	Viviendas de uno y dos pisos, tableros encofrados estructuras, utensilios generales, muebles	Arboles naturales de diversas variedades
Materiales pétreos	Hormigones, morteros de recubrimiento	Rocas minerales de canteras, agregados minerales de ríos,

2.4.- Problemática Ambiental de los Materiales de Construcción. La generación diaria de los escombros o residuos de construcción y demolición (RCD), producto de las actividades ingenieriles de las compañías constructoras y de los contratistas públicos y privados, conlleva problemas de impacto ambiental para cualquier ciudad o población, debido a que estos materiales no son biodegradables. Debido a la falta de planificación para una adecuada gestión de los mismos, las entidades gubernamentales de carácter municipal para dar una solución parcial a esta problemática, requieren de grandes y costosas extensiones de terreno para su disposición final. Los sitios adecuados para estos menesteres generalmente se encuentran localizados a las afueras de la ciudad, con el objeto de evitar en lo máximo la producción de polución y agentes nocivos para la salud de los conciudadanos que viven en las zonas aledañas. La ocupación de zonas no autorizadas para el vertimiento directo de toneladas de residuos de construcción, sin ninguna clase de tratamiento y de manera incontrolada, produce problemas medio ambientales, principalmente en la degradación del paisaje y del medio ambiente, Figura No. 2.3. Teniendo en cuenta el problema generado, se hace necesario abordar su solución pensando en el desarrollo de nuevas tecnologías limpias, con el objeto de iniciar procesos que involucren adecuados manejos en la utilización de estos residuos, permitiendo el máximo aprovechamiento de todos estos materiales, representando a la vez un beneficio para la sociedad y reducir de esta manera el impacto negativo que estos residuos producen en el medio ambiente. (Magaña, 2022, p. 72).

Figura No. 2.3
Disposición final de los escombros de construcción

Los escombros de construcción o residuos sólidos, no se pueden tomar como basura doméstica, pues un alto porcentaje de estos pueden ser reutilizados si son sometidos a un proceso de reciclaje. Este proceso consiste en el aprovechamiento y reutilización de los residuos sólidos aplicados en la actividad constructiva, particularmente en la producción de elementos prefabricados como bloques de mampostería, ladrillos, adoquines, agregados para la construcción, que sería una alternativa para solucionar en gran parte esta problemática de tipo ambiental. Optimizando el reciclaje de estos productos se propiciarían nuevos polos de desarrollo económico, fomentando nuevas industrias y un sinnúmero de empleos y subempleos bajo la premisa del reciclado, reúso y valorización de estos materiales ecológicos.

2.4.1.- Tipología del escombro de construcción. La importancia que tiene en las economías el sector de la construcción es muy significativa, actualmente a nivel mundial esta industria presenta un periodo de crecimiento y expansión inusitado, lo que implica un gran consumo diario de energía y materiales no renovables, llegando su consumo a un valor promedio del 60% de los materiales extraídos del subsuelo. La distribución porcentual en volumen del consumo de las materias primas que son utilizadas en el campo de la construcción, se muestra en la Figura No. 2.4, (Magaña, 2022, p. 73).

Figura No. 2.4
Consumo de materiales en la construcción

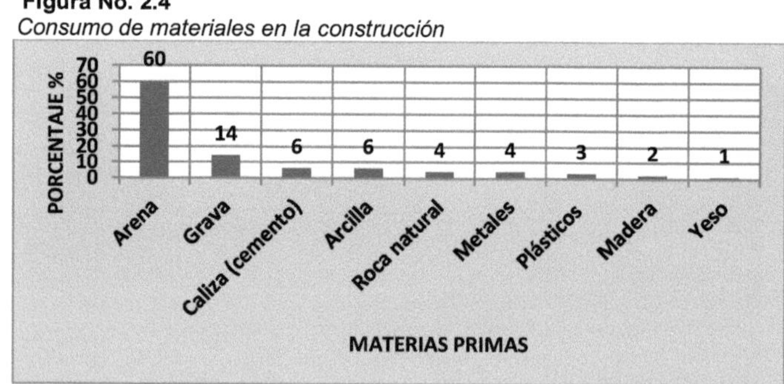

Esta actividad constructora genera un alto volumen de desperdicios llamados escombros de construcción (RCD), los cuales no se clasifican dentro de los Residuos Sólidos Urbanos de las ciudades (llamados también residuos domésticos). Los escombros de construcción tienen variadas procedencias, que depende de la actividad generadora, estos se producen de diferentes maneras, una de ellas se lleva a cabo en las obras de construcción de edificios, casas residenciales, obras públicas de todo género, donde el escombro de construcción es el producto de la manipulación en obra por parte del personal técnico, de materias primas y materiales que se encuentran en óptimas condiciones, que por razones de manejo, colocación y corte, sufren un proceso de degradación parcial o total que los hace no utilizables en la obra.

La otra manera de producir los escombros de construcción, es principalmente debida a las remodelaciones y demoliciones totales o parciales, realizadas en una obra en construcción o en servicio permanente desde hace varios años. Estos materiales se encontraban en óptimas condiciones de calidad y servicio, que, por razones de eliminación y manipulación, han sido sometidos a un proceso irreversible de degradación. Las principales fuentes de producción, los tipos de escombros y el posible material a recuperar, se identifican en la siguiente Tabla No. 2.2.

Tabla No. 2.2
Tipología de los escombros de construcción

CLASES DE RESIDUOS	FUENTE DE ESCOMBROS	MATERIALES A RECICLAR	PORCENTAJE (%)
Demoliciones: mampostería, hormigón ciclópeo y reforzado, enchapes, madera, vidrios, plásticos, sobrepisos en hormigón simple, pisos de baldosas, tejas, tubos de cemento y gres.	Construcciones residenciales de uno o dos pisos, industriales. Edificios de varios pisos, construcciones civiles. Laboratorios de agregados y pavimentos.	Ladrillos, tejas, baldosas, hormigones, sobrepisos, morteros	10
Construcciones: cortes de ladrillos, bloques fracturados, tejas quebradas, restos de mezclas de morteros y hormigones, cortes de azulejos, fachaletas, baldosas fracturadas.	Construcciones residenciales o industriales, de uno o varios pisos.	Todo el material se puede utilizar	20
Reparación, Rehabilitación, Mantenimiento: los mismos materiales que en las obras de demolición.	Edificios de varios pisos, residencias de uno o dos pisos, construcciones industriales, obras civiles.	Ladrillos, tejas, baldosas, hormigones, sobrepisos, morteros	70

Fuente: Adaptado de https://www.concretonline.com/rcd-demolicion/reciclaje-y-reutilizacion-de-materiales-residuales-de-construccion-y-demolicion

2.4.2.- Composición de los escombros de construcción. En lo concerniente a la composición de los escombros de construcción, estos dependen principalmente de las actividades generadoras de los escombros, las características de las obras y las prácticas constructivas empleadas. En la Tabla 2.1, las actividades constructivas de reparación, rehabilitaciones y mantenimiento son las principales fuentes de producción de escombros con un 70%, en la Figura No. 2.5 se muestran los resultados y el porcentaje de materiales que se producen en estas actividades, donde los materiales cerámicos y el hormigón constituyen el 66% de éstos, (Gaiker, 2007, p. 55).

Figura No. 2.5
Composición de los escombros de construcción

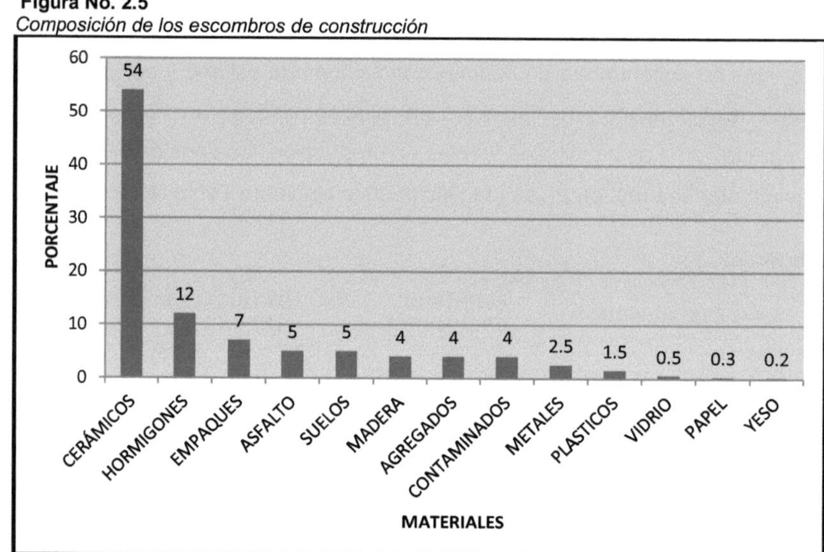

2.4.3.- Clasificación de los escombros de construcción. Los escombros de construcción de acuerdo a la Lista Europea de Residuos (LER), los clasifican en tres categorías, A) Residuos Peligrosos, B) Residuos No Peligrosos, C) Residuos No Peligrosos Inertes, (Gaiker, 2007, p. 52-54).

A) **RESIDUOS PELIGROSOS.** Son aquellos materiales de construcción, que al ser manipulados contienen proporciones altas de materiales nocivos para la salud y el medio ambiente, ya sea por su exposición directa e indirecta, Tabla No. 2.3.

Tabla No. 2.3
Residuos de construcción peligrosos

RESIDUOS DE CONTRUCCIÓN (RCD) PELIGROSOS	CLASES DE RESIDUOS
	Residuos de adhesivos, pegantes, pintura y barniz, que contienen disolventes orgánicos u otras sustancias peligrosas
	Aceites de motor, de transmisión mecánica y lubricantes
	Disolventes
	Envases de plástico y metálicos contaminados
	Filtros de aceite
	Baterías de plomo
	Alquitrán de hulla y productos alquitranados
	Residuos metálicos contaminados con sustancias peligrosas
	Tierra y piedras que contienen sustancias peligrosas
	Materiales de aislamiento y construcción, que contienen amianto
	Materiales de construcción con yeso, contaminados con sustancias peligrosas
	Residuos de construcción y demolición que contienen mercurio
	Residuos de construcción que contienen policlorobifenilos (PCB)
	Tubos fluorescentes

B) **RESIDUOS NO PELIGROSOS.** Son los materiales de construcción, que por su naturaleza pueden ser tratados o almacenados en las mismas instalaciones de la obra, Tabla No. 2.4.

Tabla No. 2.4
Residuos de construcción no peligrosos

RESIDUOS DE CONSTRUCCIÓN (RCD) APROVECHABLES	CLASES DE RESIDUOS
	Madera
	Cobre, bronce, latón
	Aluminio
	Plomo
	Zinc
	Hierro y acero
	Estaño
	Metales mezclados
	Materiales de aislamiento, que no contengan amianto
	Materiales de construcción con yeso, no contaminados

C) **RESIDUOS NO PELIGROSOS INERTES.** Son los materiales que no representan ninguna clase de riesgo para la salud al ser manipulados y almacenados en la obra, Tabla No. 2.5.

Tabla No. 2.5
Residuos de construcción no peligrosos inertes

RESIDUOS INERTES	CLASES DE RESIDUOS
	Hormigón
	Ladrillos
	Tejas y materiales cerámicos
	Mezclas de hormigón, ladrillos, tejas y materiales cerámicos
	Vidrio

Por todo lo anteriormente enumerado, se hace necesaria la búsqueda de nuevas alternativas constructivas que sean amigables con el medio ambiente, principalmente de materias primas para la producción de materiales ecológicos reciclados, con el objeto de plantear soluciones de carácter tecnológico que optimice el aprovechamiento de estos recursos disponibles, que redunde en el bienestar de la comunidad y el mejoramiento del medio ambiente.

2.4.4.- Consumo energético y emisiones de CO_2 de los materiales de construcción. El sector o industria de la construcción es uno de los principales factores de crecimiento económico de cualquier país, pero al mismo tiempo es uno de los mayores consumidores de los materiales no renovables. Históricamente su obtención ha tenido un cambio bastante notable, al industrializarse eficientemente su extracción, se aumentó su producción y consumo, convirtiéndose en una actividad altamente impactante, por su alto consumo energético y la incidencia de las emisiones de CO_2, debidas a este sector.

La contaminación ambiental producida por las edificaciones existentes y de acuerdo a su período de vida útil, son una causa directa de la contaminación a nivel ambiental al producir emisiones incontroladas de gases de efecto invernadero, debido al alto consumo energético y del agua, como de las diferentes materias primas utilizadas en su funcionamiento.

Para el conocimiento de los impactos ambientales que produce la industria de la construcción y sus principales materiales, se presenta en la Tabla No. 2.6 los consumos de energía y producción de CO_2 por cada uno de los principales materiales de construcción, (Salazar, 2012. p. 7).

Tabla No. 2.6
Consumo energético y emisiones de CO_2 de los materiales de construcción

MATERIAL	CONSUMO ENERGÉTICO (MJ/T)	EMISIÓN DE CO_2 (T/T)
Acero	11083	2,705
Agregados gruesos	177,2	0,010
Agregados finos	494,6	0,021
Arena de río	121,7	0,010
Base pavimento	324,2	0,013
Cal	7670	0,798
Cemento	7506	1,096
Cerámica	1172	0,830
Cobre	98391	8,622
Guadua	1334	0,107
Ladrillo – tejas arcilla	2750	0,243
Láminas superboard	8863	0,052
Madera	500	0,000
Pintura	5247	0,408
PVC	72276	7,659
Vidrio plano	28952	1,859
Yeso	1190	0,205

De todo lo anteriormente observado se concluye, que el sector de la construcción a pesar de ser uno de los principales motores de la economía a nivel mundial, se deben hacer esfuerzos para realizar avanzar hacia un modelo constructivo que a corto plazo, ahorre energía, que sea consecuente con los recursos naturales y particularmente con el manejo adecuado de los residuos de construcción y demolición (RCD), con el objetivo que este sector productivo realmente se convierta en un modelo de construcción sostenible, que sea adaptada y respetuosa con el entorno de su medio ambiente, mediante el empleo de materiales de bajo impacto ambiental y social a lo largo de su ciclo de vida, de sus edificaciones.

En la Tabla 2.7 se presenta el impacto ambiental que se afecta, en los sectores más principales de algunos materiales de construcción, (ISTAS, 2005, p. 34)

Tabla No. 2.7
Impacto ambiental de los principales materiales de construcción

MATERIAL	PRINCIPALES IMPACTOS AMBIENTALES						
	EFECTO INVERNADERO	ACIDIFICACIÓN MARINA	CONTAMINACIÓN ATMOSFÉRICA	CAPA DE OZONO	METALES PESADOS	ENERGÍA	RESIDUOS RCD
Acero	++	++	+++	+	++	++	+
Aluminio	+++	+++	++	+	+++	+++	+
Cerámicos	+	+	+	+	+	+	+++
Maderas	+	+	+	+	+	+	+
Pétreos	+	+	+	+	+	+	+++
Poliestireno	++	+++	+++	++	+++	+++	++
Poliuretano	+++	++	+++	+++	++	++	+
PVC	++	++	+++	+	++	++	++

NOTA: + (Impacto bajo) - ++ (Impacto medio) - +++ (Impacto elevado). Adaptado de ISTAS, p. 34

2.4.5.- Materiales de construcción reciclables. Las nuevas construcciones realizadas con materiales de construcción reciclados, es el innovador proceso constructivo mediante la reutilización de los materiales desechables, el cual va tomando importancia en este campo. Desde el punto de vista sostenible, los principales materiales reciclados para la industria de la construcción son:

> Metales. Principalmente el hierro, acero y aluminio hacen parte de estos materiales reciclados, al representar un importante ahorro energético, lo mismo que la disminución de la contaminación, su gran ventaja radica en que estos materiales se pueden reciclar varias veces, para ser empleados nuevamente en la producción de elementos estructurales para la construcción.

> Pétreos. Está compuesto por los desechos de hormigones, gravas y arenas, bloques de ladrillos cerámicos, pavimentos asfálticos, sobrantes de mezclas de mortero y hormigón, entre otros. A pesar de presentar un impacto ambiental bajo, su característica principal es su alta durabilidad, debido a su tratamiento y uso adecuado de los residuos de construcción, se producen los agregados reciclados, que se pueden emplear en diversas actividades de obra, como adecuación y rellenos de terrenos, inclusive mezclados con cemento y agua, se

pueden construir elementos estructurales de baja resistencia, teniendo en cuenta su diseño técnico adecuado.

- Maderas. Esta clase de materiales se pueden considerar de los más sostenibles en el campo constructivo, debido a esta característica, se reciclan como materiales para los soportes y encofrados de las edificaciones, para la fabricación de tableros aglomerados, inclusive para la fabricación de otros elementos no constructivos y como biomasa en su valoración energética.
- Poliestireno expandido. Es un material que se recicla y se convierte en materia prima para la nueva fabricación de elementos aislantes, en paredes, cielos rasos, tejados.

CAPÍTULO III.- PRINCIPIOS DE LAS ESTRUCTURAS TENDINOSAS

El Ingeniero-Arquitecto español Félix Cardellach en su obra "Filosofía de las Estructuras", explica que, para los constructores de aquella época, el mayor descubrimiento matemático realizado radica en las leyes de la acción y reacción de la materia o estructuras constructivas, ante las fuerzas externas actuantes, bautizada como la piedra filosofal de la Resistencia de Materiales (mecánico-constructivas), (1910, p. 9-11). Define que "los seres de todos los reinos naturales, por estar expuestos a las leyes de las fuerzas externas (gravedad, viento, etc.) satisfacen un principio general mecánico, si el cual no sería posible su estabilidad y su resistencia, y este principio no es otro que el de estructura", (1910, p. 15).

También explica que el hombre debe ser contemplativo de la naturaleza, que es su gran verdad de todo el mundo material que lo rodea, ayudado de su imaginación argumenta, raciocina y expresa los fenómenos: "en forma de conceptos geométricos y expresiones matemáticas analíticas, constituyendo como un espiritual engranaje de racionales deducciones que nos llevan velozmente al descubrimiento de verdades nuevas", (1910, p. 15). Todos los seres humanos y en especial las construcciones con sus estructuras están sujetos a las leyes de las fuerzas externas de la naturaleza, llamándolo *principio general mecánico*, el cual se debe satisfacer simplificando la complejidad de los fenómenos naturales por el convencional establecimiento de hipótesis sencillas, con el objeto de ser posible la estabilidad y la resistencia de la estructura, a esto lo llama el principio de la estructura, donde en la naturaleza se tiene un ejemplo magistral y muy representativo de este que es el esqueleto de un animal, (1910, p. 15-18), concluyendo de esta manera que el ingeniero con ese espíritu innovador debe descubrir nuevas formas de armazones resistentes para la actual construcción.

El único origen de estas formas estructurales y constructivas está en un nivel superior de sensibilidad mecánica y de inspiración natural, los cuales son innatos en el hombre (arquitecto, ingeniero) y que han constituido una importante característica de su desarrollo (1910, p. 21).

Cardellach, sintetiza que: "las formas estructurales de construcción se deben clasificar o agrupar por armonía de textura, de mecánica y de construcción en dos grupos principales:

1. Formas birresistentes, las cuales son aptas para soportar esfuerzos de compresión y esfuerzos de tensión, se utilizan sistemas constructivos de tendones de acero en forma de enrejado (esqueleto) y articuladas entre sí para absorber estos esfuerzos.

2. Formas unirresistentes, las cuales son aptas para soportar solamente esfuerzos de compresión o esfuerzos de tensión, se utilizan sistemas constructivos de dovelas compuestas por elementos flexibles", (1910, p. 25-26).

Asevera que actualmente se descubrió la ley del principio estructural, la cual se encuentra dominante en la construcción mediante diagramas materiales de líneas activas, y expresan el principio estructural de una construcción, (1910, p. 18). Desde el punto de vista anatómico o fisiológico de todas las construcciones realizadas por los constructores, "permite descubrir más ramificaciones que coadyuven a la armonía y al método para su estudio...dentro de las formas pseudoelásticas, encontramos dos especies diferentes, estructuras sin tendón y estructuras tendinosas", (1910, p. 27). Las configuraciones estructurales en las formas constructivas de principio orgánico, señalaron inicialmente al tendón metálico su sitio apropiado en la mampostería y por circunstancias de índole económico facilitaron el desarrollo del sistema tendinoso, donde la mampostería pasa a un segundo plano siendo protectora del sistema enrejado al fijar el tendón tensado y trasmitir su fuerza al hormigón, imitando particularmente la arquitectura zoológica de los vertebrados, con su composición del esqueleto, los músculos y los tendones, (1910, p. 101). Esta colocación estratégica del sistema tendinoso es una forma resolutiva del problema estructural, donde esta ramificación llega a alcanzar el aspecto de una red en la propia entraña de la estructura y en unión con ella, se logra por el especial método constructivo empleado, que consiste en darle formas a la estructura.

Cardellach, concluye que: "la finura y elegancia alcanzada por el sistema tendinoso en la resolución asombrosa de un problema de resistencia estructural, obteniendo una estructura original y económica, resistente y elástica que sintetiza de un modo admirable las ventajas de la construcción que son propias del hormigón armado", (1910, p. 126-128), dando termino a la racionalización mecánica de las estructuras construidas por los romanos, como una consecuencia de las características generales del concreto. "Únicamente con tales factores, el hombre de ingenio encontrará siempre en el vasto campo de su imaginación, todas las formas estructurales apremiantemente exigidas por la vida moderna", (1910, p.300).

En 1957, Torroja expresa que: "el hormigón armado es una piedra orgánicamente constituida, dentro de cuya masa el complejo tendinoso de la armadura se distribuye óptimamente, se dosifica para prestar al hormigón la resistencia a la tracción que necesita en cada punto, el trabajo conjunto entre la masa del hormigón y las barras de acero va confinado a la adherencia, quedando asegurada la transmisión de los esfuerzos de las armaduras al hormigón y viceversa", (2010, p. 67-68).

Desde el punto de vista de las propiedades mecánicas el hormigón es un material diferente al acero de refuerzo, ya que es muy débil cuando trabaja a la tensión en comparación con su buen desempeño a la compresión, por esta razón en las estructuras se colocan entramados de varillas de refuerzo en las regiones donde se presenten esfuerzos de tensión, dando como resultado que la sección transversal de la estructura se va a comportar como una sección compuesta de dos materiales, el hormigón y el acero de refuerzo, (White et al., 1980).

Fernández agrega, retomando los pensamientos de Cardellach, que: "los sistemas tendinosos son formas constructivas que tienen su origen en la arquitectura zoológica de los vertebrados, como es la combinación de esqueleto, músculos y tendones", (2016, p. 108), ya que no existen formas estructurales previamente establecidas por la naturaleza, sino que estas van surgiendo a partir de principios básicos. En el sistema tendinoso el tirante actúa como un elemento resistente de las tracciones, localizado estratégicamente en las regiones más vulnerables de la estructura. Estructuralmente define tres clases de tendones:

1. Tendones por ligamento, utilizados para unir o ligar puntos críticos en mampostería los bloques de piedra con el objeto de evitar deslizamientos parciales y mantener el monolitismo de la estructura.
2. Tendones aparentes, utilizados para ligar entre sí la totalidad de la superficie de contacto de los elementos con el objeto de mejorar la resistencia mecánica de todos sus elementos.
3. Tendones adheridos, utilizados para ser colocados internamente en la estructura con el objeto de formar una sola estructura monolítica.

La tecnología constructiva de los tendones adheridos dio origen posteriormente al hormigón armado (Figura No. 3.1), donde el sistema tendinoso colocado internamente asemeja el trabajo de las barras de acero, asimilando los esfuerzos mecánicos de tracción-compresión y de esta manera conservando el monolitismo de la estructura. Para Cardellach, el hormigón armado era el material tecnológico más perfecto con que contaban los constructores hasta esos momentos, (2016, p. 108-109).

3.1.- Sistemas de Construcción Utilizados en Colombia. Los sistemas constructivos conforman el conjunto de métodos, técnicas y procedimientos empleados en el campo de la construcción, de los cuales hacen parte los materiales empleados, los equipos y herramientas utilizadas, que son combinados racionalmente desde el punto de vista constructivo y profesional, con el objeto de generar y obtener una edificación.

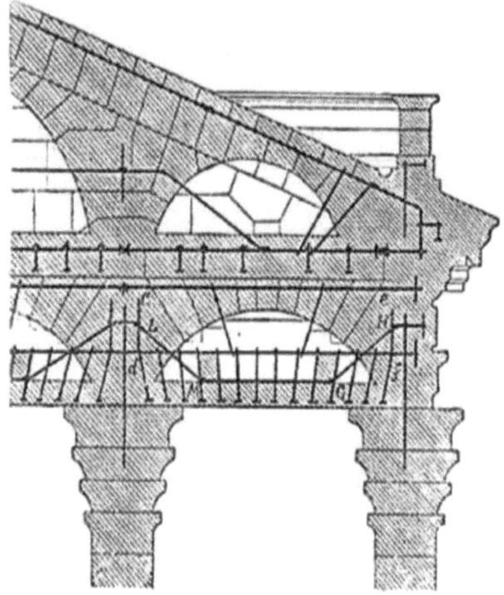

Fuente: Fernández (2016, p. 112)

Los sistemas de construcción más comunes en nuestro país se diferencian entre sí por el comportamiento estructural de sus elementos, cuando se presentan determinadas solicitaciones estructurales, estos sistemas se clasifican en las siguientes categorías, que se resumen en la Figura No. 3.2:

❖ Mampostería confinada, compuesta por el sistema tradicional de muros de ladrillo configurados por elementos de hormigón reforzado, que representan el 62%.

❖ Sistemas constructivos industrializados, donde se elaboran en una fábrica todos los elementos estructurales de forma automatizada, para ser colocados posteriormente estos elementos prefabricados in situ, representan el 19%.

❖ Mampostería estructural, donde los muros de construcción tienen una función estructural específica, representan el 15%.

❖ Otros sistemas constructivos, que representan el 4%.

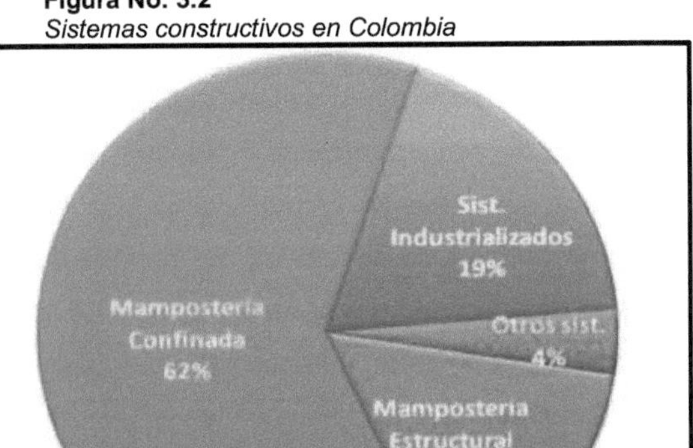

Fuente: (Salazar, 2012, p. 4)

Los sistemas constructivos de mampostería confinada utilizan el 99,5% de los materiales naturales, el sistema de mampostería estructural utiliza el 97,6% de los materiales naturales, y estos sistemas son los mayores consumidores de materiales naturales no renovables, mientras que el sistema industrializado utiliza el 90,0% y es el menor consumidor de estos materiales, Figura No. 3.3.

Figura No. 3.3
Consumo materiales constructivos en Colombia

TABLA DE RESUMEN CONSUMO DE MATERIALES kg/m² y DISTRIBUCIÓN EN PORCENTAJE

CONSOLIDADO DE MATERIALES SISTEMA INDUSTRIALIZADO TOTAL	DISTRIBUCIÓN POR TIPO DE SISTEMA						
	kg/m²				Distribución %		
	SISTEMA INDUSTRIALIZADO	MAMPOSTERÍA ESTRUCTURAL	MAMPOSTERÍA CONFINADA	GUADUA - TIERRA ESTABILIZADA	SISTEMA INDUSTRIALIZADO	MAMPOSTERÍA ESTRUCTURAL	MAMPOSTERÍA CONFINADA
AGREGADOS TRITURADOS	536,5	399,2	625,0	90,3	42,44%	28,28%	25,96%
ARENA DE RIO	440,9	356,5	733,6	64,2	34,87%	25,25%	30,48%
CEMENTO GRIS	160,9	138,8	306,1	28,0	12,73%	9,83%	12,72%
ROCA MUERTA - TIERRA EXCAVACIÓN	40,6	162,4	372,5	841,7	3,21%	11,51%	15,47%
CERÁMICA COCIDA	43,9	320,8	358,1	4,3	3,47%	22,73%	14,87%
ACERO	29,5	21,0	9,4	2,2	2,33%	1,49%	0,39%
MADERA	5,4	3,3	0,1	105,5	0,43%	0,24%	0,01%
TEJA FIBROCEMENTO	3,1	6,4	0,0	0,0	0,25%	0,45%	0,00%
OTROS (PVC,COBRE,CEMENTO BLANCO,PINTURAS)	3,4	3,3	2,4	97,3	0,27%	0,23%	0,10%
TOTALES	1.264,3	1.411,7	2.407,3	1.233,5	100,00%	100,00%	100,00%

Fuente: (Salazar, 2012, p. 6)

3.2.- Sistemas Constructivos no Convencionales. El desarrollo y modificación de las técnicas tradicionales de construcción necesitan de la evolución y adaptación ante las necesidades de las sociedades, las cuales están directamente relacionados con el objeto de salvaguardar la integridad de sus habitantes y el derecho de vivienda digna; sin embargo, se debe considerar el incremento de los cambios climáticos como son las inundaciones, el incremento de temperaturas extremas, y sequías que se han presentado en los últimos 10 años (Management Solutions, 2020). Derivado de lo anterior, se hace necesario el diseño y propuestas de nuevas técnicas constructivas que cumplan con las exigencias estructurales que permitan reducir el alto déficit habitacional existente en Colombia. Además, del cumplir con el reto de las exigencias estructurales, es necesario que estas propuestas reduzcan el tiempo de edificación de una obra y mantengan un óptimo rendimiento entre materiales, mano de obra y equipo con una planificación y ejecución adecuada de sus elementos constructivos.

La necesidad de un cambio de paradigma en lo referente a los métodos constructivos tradicionales, y al manejo de los materiales desde el punto de vista tecnológico para implementar y construir viviendas más económicas y eficientemente ambientales el sistema constructivo no tradicional de los muros tendinosos, no es una metodología nueva, pero ofrece una alternativa viable y sostenible mediante el análisis y recuento cronológico de la evolución técnica y constructiva del muro tendinoso.

3.2.1.- Alternativa constructiva de los Muros Tendinosos. Los sistemas constructivos no convencionales, catalogan su nombre debido al no uso de los ladillos y bloques de cemento en la construcción de muros, este nuevo sistema constructivo no convencional es llamado muro tendinoso, y fue desarrollado en la década de los 90´s por los Arquitectos de la Universidad del Valle (Colombia) Supelano y Thomas, quienes presentan el Sistema Tendinoso como "una investigación que integra diseño, tecnología y cultura, que responde a la necesidad sentida de vivir en casa de material" (2002, p. 25), es una alternativa constructiva no convencional que parte de los saberes y técnicas arquitectónicas tradicionales campesinas, optimizando estos saberes y dando respuesta a la necesidad de estas comunidades de construir su propia vivienda en materiales de construcción más resistentes, seguros y duraderos en el tiempo, (2015, p. 170).

Este método constructivo se viene aplicando en el departamento del Valle del Cauca de una manera eficiente, con muy buenos resultados en la ejecución de viviendas de uno y dos pisos en diferentes localizaciones geográficas, debido a la facilidad y rapidez en su ejecución por parte del personal autoconstructor. Adicionalmente a estas características constructivas, se le debe agregar su poco peso de la estructura y particularmente su bajo costo económico, dando de esta manera una respuesta a la necesidad de viviendas en las zonas rurales y urbanas, de las poblaciones con un número de habitantes menores a los 50.000 habitantes, representando para estas comunidades muchas opciones de carácter social, económico y particularmente ambiental.

3.3.- Caracterización de los Muros Tendinosos. Los muros tendinosos representan un sistema novedoso constructivo no convencional, su etimología es tomada de los escritos de Cardellach acerca de las estructuras tendinosas; Supelano y Thomas lo retoman nuevamente al emplear la palabra "tendón", cuando se utiliza un alambre metálico como elemento estructural y sobre este se coloca un "tendido" de una malla natural, que al unir estos dos términos da como resultado:

TENDÓN + TENDIDO = TENDINOSO

La tipología de este sistema constructivo consiste en la fabricación in situ de paneles modulares planos, unidos entre sí por vigas y columnas o pilares de materiales naturales y/o metálicos, con revestimiento en mortero, formando un confinamiento estructural como componente principal para el soporte de estas construcciones, teniendo en cuenta una modulación técnica de los paneles. La facilidad constructiva de este sistema constructivo de muros tendinosos para viviendas de uno y dos pisos, se ha utilizado con éxito en varias ciudades del occidente colombiano, al representar muchas opciones ambientales, económicas y sociales. En la zona del eje cafetero vallecaucano, con ayuda de la Federación

Nacional de Cafeteros de Colombia en la década de los 90´s, implementó este nuevo sistema constructivo, donde se construyeron aproximadamente seiscientas (600) viviendas de carácter VIS en las siguientes zonas urbanas de los municipios:

> Bolívar, urbanización Los Laureles
> Caicedonia, urbanización Samaria
> La Victoria, urbanización Buenaventura
> Restrepo, urbanización La Independencia
> Sevilla, urbanización Villa Paz
> Trujillo, urbanización La Paz

3.3.1.- Componentes de los Muros Tendinosos. Los muros tendinosos se fabrican in situ mediante la conformación de paneles modulares planos, reforzados en su interior con una malla de alambre de púas que hace las veces de tendones integrados, unida mediante grapas a elementos verticales y horizontales conformando un marco estructural rígido compuesto por madera aserrada o rolliza, guadua, ángulos metálicos de hierro u hormigón reforzado. El alma de los tabiques es un entramado en fibra natural biodegradable llamada cabuya, mezcal o fique, que se entrelaza con el entramado de alambre de púas, con la finalidad de servir de soporte para la aplicación de la mezcla de mortero por capas sucesivas para suministrarle unión entre sus elementos y darle rigidez al entramado, constituyendo un elemento estructural monolítico que se comportará como un muro confinado, dándole terminado final al panel con unos espesores promedios de 4 a 5 centímetros, (Torres, 2013, p. 1).

Los materiales constructivos básicos en la composición de un muro tendinosos son (Figura No. 3.4 y Figura No. 3.5):

> Muro tendinoso en madera rolliza o aserrada
> • Parales verticales y horizontales para el marco del muro
> • Clavos de hierro para la fijación de las uniones del marco de madera
> • Alambre de púas como tendón de fijación

- Costal o saco de fique entrelazado con el alambre de púas
- Cemento Portland para la mezcla y composición del mortero
- Arena como agregado para la mezcla y composición del mortero
- Agua para la mezcla y composición del mortero

Figura No. 3.4

Materiales del sistema de muro tendinoso

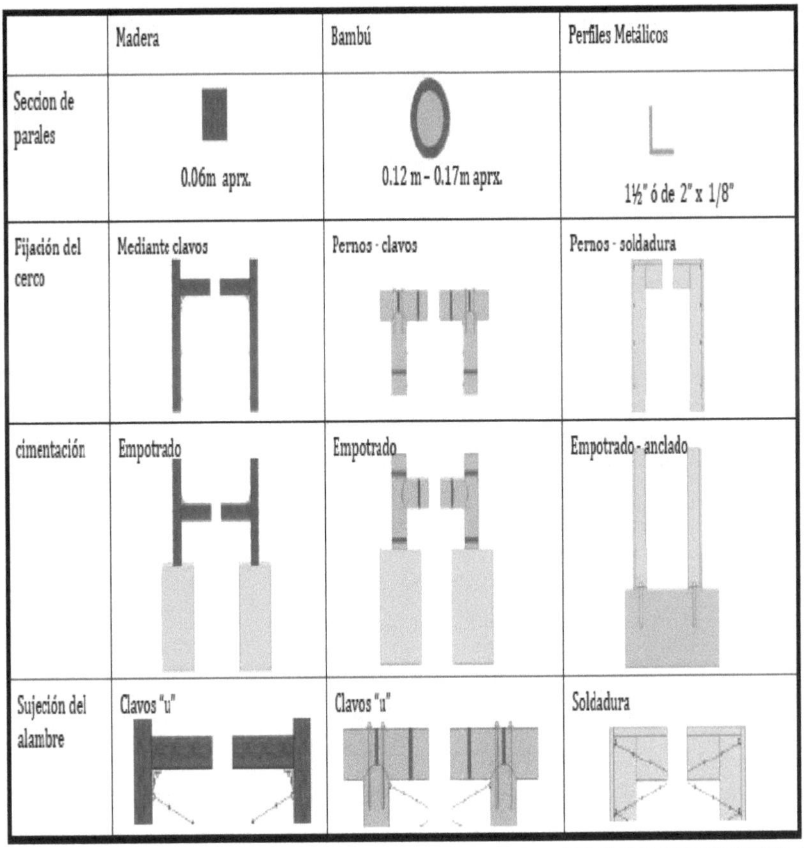

Madera
Bambú
Perfiles Metálicos
Seccion de parales
0.06m aprx.
0.12 m - 0.17m aprx.
1½" ó de 2" x 1/8"
Fijación del cerco
Mediante clavos
Pernos - clavos
Pernos - soldadura
cimentación
Empotrado
Empotrado
Empotrado - anclado
Sujeción del alambre
Clavos "u"
Clavos "u"
Soldadura

Nota: Tomada de https://dokumen.tips/documents/3-muros-tendinosos-1.html -

MATERIALES BÁSICOS DEL MURO TENDINOSO

MADERA ASERRADA

MADERA ROLLIZA

GUADUA O BAMBÚ

PERFILES METÁLICOS EN L

ALAMBRE DE PÚAS

COSTAL DE FIQUE

CLAVOS EN U

PUNTILLAS PARA MADERA

MORTERO DE CEMENTO

ELECTRODOS SOLDADURA

Muro tendinoso en guadua o bambú

- Parales verticales y horizontales para el marco del muro
- Pernos metálicos o clavos de hierro para la fijación de las uniones del marco de madera
- Alambre de púas como tendón de fijación
- Costal o saco de fique entrelazado con el alambre de púas
- Cemento Portland para la mezcla y composición del mortero
- Arena como agregado para la mezcla y composición del mortero
- Agua para la mezcla y composición del mortero

➢ Muro tendinoso en perfiles metálicos

- Parales verticales y horizontales para el marco del muro
- Pernos de hierro o electrodos de soldadura, para la fijación de las uniones del marco de madera
- Alambre de púas como tendón de fijación
- Costal o saco de fique entrelazado con el alambre de púas
- Cemento Portland para la mezcla y composición del mortero
- Arena como agregado para la mezcla y composición del mortero
- Agua para la mezcla y composición del mortero

El muro tendinoso lo componen los siguientes elementos constructivos básicos, en la formación constructiva y estructural (Figura No. 3.6):

- Marco del pórtico y entramado estructural geométrico
- Tabique modular plano compuesto por los tendones del alambre de púas, entrelazado el alambre con el alma de sacos o costales de fique
- Mezcla de mortero adherido al alma de fique
- Componente de empotramiento del muro tendinoso a la estructura de cimentación

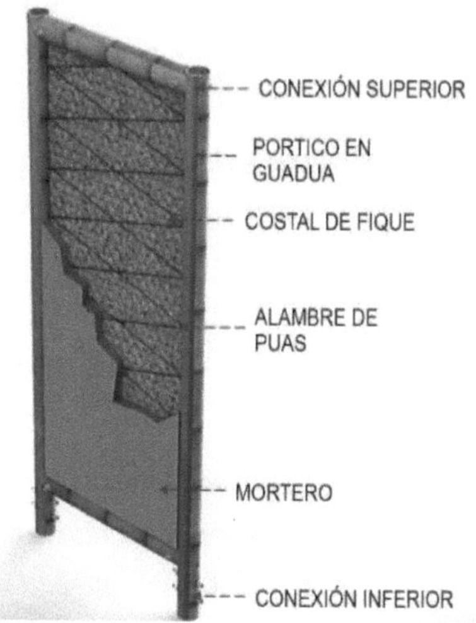

Nota. Tomada de: Mora (2022, p. 47)

3.3.2.- Construcción de los Muros Tendinosos. Para la construcción de un muto tendinoso, se deben cumplir algunas reglas o normas de carácter geométrico, como se puede observar en la Figura No. 3.7, (Velásquez, 2010):

- Se construyen los muros perimetrales en ladrillo o bloques prefabricados, se rematan con una vigueta en concreto reforzado.
- Los paneles del muro tendinoso deben tener una forma rectangular, colocando y empotrando las columnas y posteriormente se colocan las vigas o viguetas inferiores y superiores, conformando el entramado estructural.
- Las columnas de la estructura del marco de confinamiento del muro tendinoso, se pueden dimensionar desde los 0,75 metros hasta un máximo de 1,2 metros, con una altura promedio de los 2,4 metros como máximo.

- Teniendo el entramado estructural listo, se comienza la colocación del tendón en alambre de púas, que debe tener un espaciamiento vertical simétrico entre los 20 y 30 centímetros, tensando e intercalando su disposición de la distancia entre los respectivos parales verticales.
- Se comienza a colocar el costal de fique en el entramado estructural.
- Posteriormente se realizan las instalaciones eléctricas, hidráulicas de la vivienda.

Figura No. 3.7
Geometría del sistema de muro tendinoso

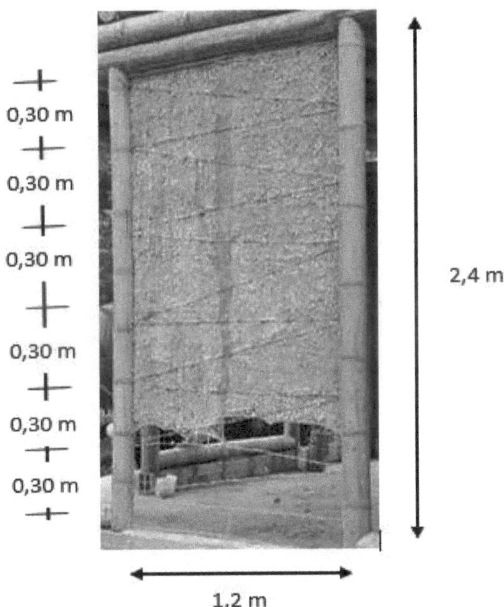

Nota: Tomado de https://dokumen.tips/documents/3-muros-tendinosos-1.html

Después de construirse el esqueleto constructivo del muro tendinoso, siguiendo y cumpliendo los pasos enunciados, se procede a elaborar la mezcla de mortero y colocarlo en el muro tendinoso como un repello o revoque, que consiste en la aplicación de varias capas de mortero, con la plasticidad y consistencia necesaria de la mezcla de mortero, con la finalidad de lograr su adherencia y posterior endurecimiento, para actuar de una manera monolítica. La primera capa del repello o proceso de champeado, se aplica con fuerza sobre la superficie del esqueleto constructivo del muro tendinoso, se debe dejar fraguar o secar durante varias horas, para aplicar las respectivas capas hasta dejar la superficie completamente lisa y uniforme, concluyendo de esta manera la construcción del muro tendinoso, (Figura No. 3.8).

Figura No. 3.8
Construcción del sistema de muro tendinoso

Nota. Tomada de: http://www.zuarq.co/

3.3.3.- Comportamiento estructural de los Muros Tendinosos. Desde el punto de vista constructivo, el muro tendinoso tiene el comportamiento de un diafragma estilo pórtico de características heterogéneas y anisotrópicas, donde sus componentes materiales presentan un comportamiento mecánico no lineal, debido a las diferentes características físicas y mecánicas, o sea, tienen variación según la dirección de aplicación de los esfuerzos en que son sometidas. Como conclusión, dado el carácter heterogéneo de los materiales, su comportamiento estructural no es la sumatoria del comportamiento de todos sus componentes.

Se realiza el análisis individual de los principales componentes del muro tendinoso, Figura No. 3.9:

- Columnas del marco estructural, su función principal es la de confinar y dar soporte a los demás componentes del muro, y trasmitir las cargas verticales al muro de cimentación.

- Alambre de púas, su funcionamiento es el de un tendón o cable, su colocación diagonal es con la finalidad de poder soportar y contrarrestar las cargas de tensión horizontales actuantes en el muro tendinoso, sin presentar deformaciones ni rompimiento. Las púas o salientes agudas y fijas colocadas transversalmente, tienen la función de dar sostenimiento al saco de fique y al mortero ya fraguado.

- Saco de fique, tiene la finalidad que en su superficie se adhiera la capa de mortero del repello en su membrana, puede soportar algunas cargas perpendiculares de carácter sísmico a su plano.

Figura No. 3.9
Comportamiento Estructural del Sistema de muro Tendinoso

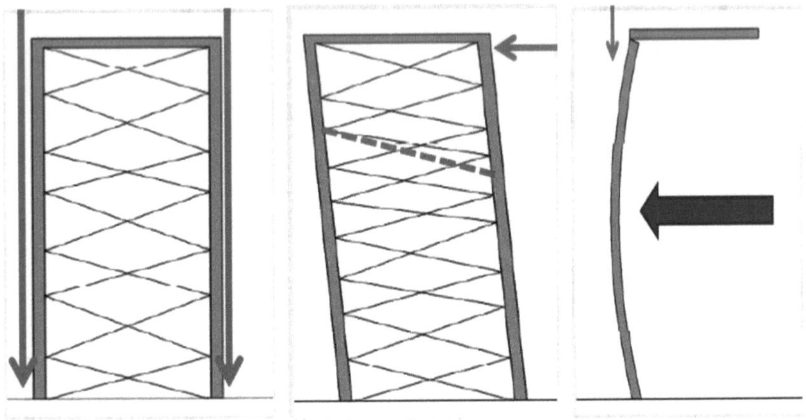

Nota: Tomado de https://dokumen.tips/documents/3-muros-tendinosos-1.html

- Mezcla de mortero, produce confinamiento para suministrarle unión entre sus elementos y darle rigidez al entramado, constituyendo un elemento estructural monolítico.

Una particularidad importante de los muros tendinosos, es su buen comportamiento y respuesta ante las fuerzas sísmicas, debido a su bajo peso unitario las cargas sísmicas que actúan sobre las masas de los elementos son menores, lo mismo que la aceleración producida sobre la estructura, produciendo una menor afectación sísmica al desplazamiento lateral. Velázquez confirma esta aseveración, al comentar que en el sismo presentado en Armenia (Colombia) en 1998, el comportamiento de las viviendas construidas a base de los muros tendinosos fue óptima, debido a la buena ductilidad presentada por estas construcciones. Los otros sistemas constructivos de mampostería presentes en dicha localidad, no tuvieron el mismo comportamiento, pues se presentaros muchos colapsos acompañados de pérdidas de vidas humanas, (2010, p. 9).

Mora, en su investigación de laboratorio realizada, afirma que el sistema de muro tendinoso tipo Thomas es el más flexible de los muros ensayados, valorando igualmente su capacidad de carga máxima de soporte que llega a los 2,42 kN (246.8 kg), recomendando este tipo constructivo como elementos divisorios en las construcciones, (2022, p. 105).

CAPÍTULO IV.- ANÁLISIS DEL SISTEMA CONSTRUCTIVO DE LOS MUROS TENDINOSOS

Se presenta de carácter informativo, la contextualización de los diferentes análisis y puntos de vista realizados por un número de investigadores, interesados en esta nueva temática de carácter constructiva.

Thomas en su carácter investigativo sostiene que, "la apuesta investigativa consistió en estimular un enfoque integral de diseño ambiental, que recrease lo positivo de la tecnocultura existente" (2002, p. 28), donde impera un deslinde de tipo político que viene desde la conquista y posterior colonización, pues se impuso la arquitectura con materiales perdurables como el ladrillo, la cual llama tecnocultura colonial, sobre la tecnocultura local biodegradable de la madera (malocas y bahareque) la cual se excluyó siendo de tipo indígena, a esto él lo llama el gran olvido de la educación tecnológica. Desde esta perspectiva ideológica se materializa el sistema tendinoso, desarrollando técnicas constructivas y empleando estructuras de madera tradicional de la región, para que los pobladores fueran sus autoconstructores mediante las costumbres ancestrales de las mingas y convites (tradición indígena de trabajo comunitario), otros factores importantes es que las construcciones resultantes sean confortables para sus habitantes, (Figura 4.1). Thomas lo define como "tecnología apropiada" al diseñar un sistema constructivo amigable con el medio ambiente, que responda a los determinantes socio culturales propios del lugar, desde el punto de vista estético, estructural y económico, (2002, p. 31).

❖ Guerrero y Casas, analiza el aspecto sísmico, donde hace énfasis que la región pacífica se localiza en una zona de alta sismicidad, el comportamiento de las diferentes estructuras y su vulnerabilidad ante estos eventos y la seguridad que las construcciones puedan garantizar frente a los sismos, agrega que el sismo de Armenia en 1999 evidenció la alta vulnerabilidad sísmica de las edificaciones menores de uno y dos pisos que fueron construidas sin cumplir los requisitos de diseño sismorresistente, (2002, p. 51). Este sistema se puede clasificar como muros confinados de carga y su sistema estructural básico consiste en un aporticado de madera, guadua o acero, que al integrar el panel de muro tendinoso a esta estructura trabaja como un muro de carga, este sistema constructivo se ha empleado con éxito en viviendas de uno y dos pisos, (Guerrero y Casas, 2002, p. 52-53).

Figura No. 4.1
Construcción del sistema de muro tendinoso en estructura metálica

❖ Velázquez realiza un análisis del sistema de muro tendinoso: debido a su versatilidad, rapidez en su construcción y economía, fue proyecto piloto de la Federación Nacional de Cafeteros de Colombia (Federecafé) empleando este sistema constructivo en el Departamento del Valle del Cauca (Colombia) y específicamente en los municipios del eje cafetero (Caicedonia, Sevilla, Restrepo, Trujillo, La Victoria, Bolívar) entre otros, donde existen grandes plantaciones de guadua o bambú, (Velázquez , 2010, p. 8-10), Figura No. 4.2.

Avance construcción de una vivienda con el sistema de muro tendinoso

Este sistema constructivo no se encuentra avalado por el Reglamento Colombiano de Construcción Sismo Resistente, (NSR-10), Título G sin embargo tuvo su primera prueba de fuego durante el sismo de Armenia en 1999 (magnitud sísmica en la Escala de Richter de 6,1) donde demostró un comportamiento óptimo por su ductilidad inherente que evita el colapso de los muros, algunas de las viviendas construidas por este sistema y que fueron afectadas por el sismo no presentaban mayores daños ni sus muros colapsaron, a diferencia del mal comportamiento de los sistemas tradicionales de construcción con ladrillo, (Velázquez, 2010, p. 8-10).

Por su facilidad constructiva, rapidez de ejecución y su bajo costo, este sistema constructivo ha permitido dar respuesta a la necesidad de muchas personas con escasos niveles económicos, estas características han hecho que los muros tendinosos se hayan popularizado en estas zonas, reproduciendo y adaptando los métodos constructivos con nuevos materiales y diversas configuraciones geométricas, (Velázquez, 2010, p. 15-16).

Desde el punto de vista estructural el muro tendinoso es de carácter heterogéneo, es un material compuesto, anisótropo y sus componentes presentan un comportamiento mecánico no lineal, sus características estructurales son las siguientes:

- Estructura de confinamiento, estos elementos trabajan con una doble función estructural al trasmitir las cargas verticales a la cimentación, horizontalmente da confinamiento al marco del panel, además de ser el soporte físico de todos los demás elementos del sistema.

- Mortero de pega, a pesar de no tener una función específicamente estructural, su función principal es darle consistencia al muro ante cargas perpendiculares a su plano de colocación, también da adherencia al conjunto del muro tendinoso.

- Alambre de púas, su comportamiento es el de un cable tensor que absorbe cargas de tracción en la dirección horizontal del muro, también permite el agarre y sostenimiento del entramado natural de fique.

- Entramado en fibra natural de fique, es la superficie que permite la colocación y cohesión del mortero de pega ante cargas perpendiculares al plano del muro, (Velázquez, 2010, p. 21-22).

Adicionalmente, Velázquez diferencia los sistemas estructurales del muro tendinoso con sus diversos materiales constitutivos, Figura No. 4.3:

- Estructura con perfiles metálicos, las secciones de estos perfiles metálicos A-36 es pequeña (1 1/2" a 2" x 1/8"), su anclaje a la cimentación es totalmente empotrado (el ángulo o perfil queda embebido) o su fijación se puede realizar por el sistema de anclaje con pernos embebidos, la unión entre los elementos del entramado se realiza por medio de soldadura eléctrica, o sea que puede asumir movimientos de la estructura o entramado sin comprometer la estabilidad del muro, a estos perfiles se les debe soldar los ganchos galvanizados para fijar los tendones de alambre de púas, como las secciones de los perfiles son pequeñas no reduce el área arquitectónica de las viviendas.

- Estructura en madera, las secciones de este entramado en madera aserrada o rolliza pueden ser de 4" x 4" x 6 metros, su anclaje a la cimentación es totalmente empotrado (la columna queda embebida), la unión entre los elementos del entramado se realiza por medio de pernos, se requiere que a la madera se la haya hecho un proceso de inmunización.

- Estructura en guadua, las secciones de este entramado pueden ser de 10 centímetros a 15 centímetros de diámetro, su anclaje a la cimentación es totalmente empotrado (la columna queda embebida), la unión entre los elementos del entramado se realiza por medio de pernos, se requiere que a la guadua se la haya hecho un proceso de inmunización.

Figura No. 4.3
Construcción conjunto de viviendas de un piso con el sistema de muro tendinoso

La geometría de los paneles del muro tendinoso es de forma rectangular, las columnas de la estructura de confinamiento se pueden dimensionar desde los 0,75 metros hasta un máximo de 1,2 metros, con una altura promedio de los 2,4 metros como máximo, la colocación de los alambres de púas puede ser entre los 20 y 30 centímetros, intercalando su distancia entre los parales, (Velázquez, 2010, p. 24-26). La funcionalidad del sistema de muro tendinoso lo analiza desde el punto de vista constructivo, como un conjunto en sí de la vivienda, destacando las siguientes funcionalidades, Figura No. 4.4:

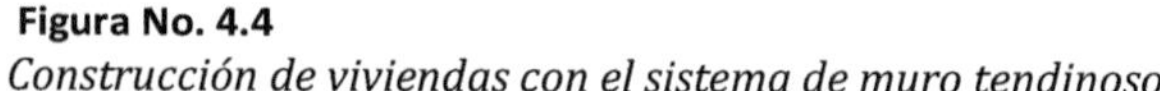

Figura No. 4.4
Construcción de viviendas con el sistema de muro tendinoso

- Cerramiento, su función básica es la de separar los diferentes ambientes de la vivienda, constituye una matriz sólida en su conjunto que es capaz de resistir impactos perpendiculares a su plano de acción y es relativamente liviana en comparación con los sistemas convencionales de construcción en mampostería de ladrillo.

- Resistencia, el muro tendinoso no es autoportante y su estructura vertical debe estar empotrada a la cimentación, la resistencia de todo el sistema de los muros tendinosos se encuentra supeditada al confinamiento dado en la estructuración del sistema constructivo, siendo apta para construcciones de uno y dos pisos.

- Aislamiento, no tiene ninguna clase de aislamiento acústico o térmico.

- Durabilidad, el muro tendinoso requiere de un adecuado mantenimiento cuando se presentan fisuras, descascaramientos en el mortero, grietas en las uniones de construcción, con el resane a tiempo se puede garantizar una buena durabilidad.

- Estanqueidad, el muro tendinoso por su naturaleza no es estanco debido a la porosidad del mortero de pega, para evitar este fenómeno se debe impermeabilizar el muro en su cara exterior para evitar filtraciones.
- Tiempo de construcción, una de las ventajas más importantes que tiene el sistema de muros tendinosos es su proceso constructivo de armado rápido.
- Versatilidad, este sistema constructivo es aplicable a viviendas de interés social (VIS), en viviendas campestres de estrato alto, por su adaptabilidad a toda clase de proyectos con diversos climas y topografías del terreno.
- Estética, las construcciones con muros tendinosos tienen mucha libertad desde el punto de vista arquitectónico, (Velázquez, 2010, p. 42-44).

❖ Franco (2019), analizó diferentes técnicas constructivas tradicionales de Colombia, principalmente las que se basan en la utilización de bambú en la construcción de edificios de una o dos plantas, también estudió los posibles criterios bioclimáticos a tener en cuenta para garantizar una adaptación óptima al clima local, que derive en conseguir el confort de los usuarios sin necesidad de un elevado consumo energético. Este sistema poco a poco se fue masificando en otras regiones debido principalmente a su facilidad constructiva, ya que no se necesita mano de obra calificada y se puede adelantar por métodos comunitarios de autoconstrucción.

❖ Bedoya hace énfasis en el aspecto estético de la estructura, es muy necesario para la aceptación o rechazo de una técnica constructiva o material de construcción, (2011, p. 82). Enumera las características, propiedades y funciones de los materiales que intervienen en la construcción de un muro tendinoso, las cuales son los siguientes elementos:

- Alambre de púas, material base que actúa de refuerzo en el entramado tendinoso, su función estructural es la de absorber los esfuerzos de tensión en el panel del muro.

- Entramado en fibra natural de fique, este material es el alma del panel y está compuesto por sacos o empaques de fique, hace las veces de una malla que cubre toda la extensión del panel. Su función principal es la de dar adherencia al sistema tendinoso con el mortero que se le carga por capas sucesivas hasta obtener el espesor deseado del muro.

- Mortero de pega, este material es el encargado de darle solidez al panel del muro tendinoso y al mismo tiempo darle su acabado final, las actividades de la colocación de este mortero de pega es similar al repello, la primera actividad es la cargada del panel por medio de un mezcla de mortero rico en cemento y agua que se va lanzando sobre el entramado de fibra natural con la finalidad de obtener adherencia, posteriormente después del secado de esta capa se colocan las capas sucesivas que le darán el espesor necesario al muro tendinoso.

- Estructura de confinamiento, lo componen los elementos verticales (columnas) y horizontales (vigas) que le van a dar rigidez al sistema de los muros, los materiales puede ser madera, guadua, ángulos de hierro, hormigón armado, (Bedoya, 2011, p. 82-83).

❖ Builes analiza el aspecto constructivo del muro tendinoso, donde la cimentación está constituida por una viga de sobrecimiento, sobre ella se construye un muro de mampostería perimetral de arranque en ladrillo con la finalidad de dar aislamiento al sistema estructural y al propio muro tendinoso, sobre este muro se construyen los paneles que componen la estructura resistente y están conformados por las columnas y vigas que le proporciona confinamiento al sistema, las columnas van empotradas en una solera tanto en su parte superior como inferior con el objeto de proporcionar rigidez al sistema, (Builes, 2011, p. 44-45).

❖ Casas lo define como un sistema constructivo no convencional, que debe proporcionar seguridad, estabilidad y durabilidad en el tiempo, (2011, p. 27). Define los aspectos a evaluar de este sistema:

- Aspecto ambiental, este se compone de dos órdenes:
    1. Orden formal, es el entorno urbano o rural donde se implementará el sistema.
    2. Orden funcional, que se encuentra compuesto por la geografía, el clima, la normatividad constructiva.
- Aspecto tecnológico, este comprende el nivel de uso del sistema constructivo.
- Aspecto socio-económico, relaciona la situación económica de la región, (Casas, 2011, p. 28-36).

❖ En su investigación Giraldo - Raigoza y Sánchez, hace énfasis en la construcción de: Viviendas en la zona rural con la aplicación de bioarquitectura de muro tendinoso, basado en las características del entorno social, zonas de influencia con necesidad latente de un modelo de mejoramiento a nivel de vivienda y necesidad, se considera de manera urgente para satisfacer el déficit presentado. La conciencia ambiental, es otro de los factores a tratar en la ruralidad a partir de la incursión del nuevo modelo de vivienda rural planteado, (2016, p. 16). La guadua angustifolia es la materia prima más importante en la construcción de una clase del muro tendinoso, es un recurso renovable y sostenible al ser fijadoras del dióxido de carbono (CO_2), cumpliendo con la sostenibilidad constructiva.

❖ Mora realiza una investigación de carácter experimental en laboratorio, fabricando diversas clases de muros tendinosos sometidos a cargas laterales, las dimensiones de estos muros tendinosos tienen una altura de 2,20 metros, un ancho de 1,20 metros y un espesor variable entre 5 y 7 centímetros, enumerando los siguientes prototipos, (Mora, 2022, p. 47–49):

➢ Muro tendinoso tipo Thomas, el cual consiste en un pórtico de guadua, una matriz interna en costal de fique, alambre de púas y recubierto por ambas caras de mortero con cemento y arena.

➢ Muro tendinoso tipo Chacón, consistente en un pórtico en guadua, una matriz interna de malla metálica con vena, retículo interior reforzado con acero corrugado de 3/8" y recubierto por ambas caras de mortero con cemento y arena.

➢ Muro tendinoso tipo Morachá, el cual consiste en un pórtico de guadua, una matriz interna de esterilla de guadua, reforzada con acero corrugado de 3/8" y recubierto por ambas caras de mortero con cemento y arena.

Del ensayo a flexión con cargas laterales realizado a las muestras de muros tendinosos en laboratorio, se obtienen los siguientes resultados de la carga máxima de rotura, (Mora, 2022, p. 91):

➢ Muro tendinoso tipo Thomas, $\underline{X}$ = 6,12 kN.
➢ Muro tendinoso tipo Chacón, X = 7,00 kN.
➢ Muro tendinoso tipo Morachá, X = 6,55 kN.

	CARGA MÁXIMA DE ROTURA		
	THOMAS	CHACÓN	MORACHÁ
Ensayo 1	6,75	8,2	6,9
Ensayo 2	5,99	6,15	6,64
Ensayo 3	5,4	7,55	6,47
Ensayo 4	6,33	6,08	6,2
X =	6,12	7,00	6,55
S =	0,5705	1,0506	0,2941
CV =	9,33	15,02	4,49

Al realizar un análisis estadístico de los valores del ensayo lateral a flexión de los muros tendinosos, la mayor media aritmética corresponde al ensayo de Chacón, el valor de Thomas es menor en un 12,6% y el de Morachá en un 6,4%, respecto al mayor valor. El valor del coeficiente de variación (CV) del ensayo de

Chacón tiene una variación alta (15,02%), seguida por el ensayo de Thomas (9,33%) y el menor coeficiente para el ensayo de Morachá. Se concluye el buen comportamiento de las diversas clases de muros tendinosos ante las cargas horizontales o laterales a la flexión.

4.1.- Discusión y Conclusiones de los Muros Tendinosos. Se presenta un conjunto de discusiones y conclusiones de los muros tendinosos, que representan un sistema novedoso constructivo no convencional.

- Los sistemas tendinosos se consideran formas constructivas que tienen su origen en la arquitectura zoológica de los vertebrados, como es la combinación de esqueleto, músculos y tendones (Cardellach, 1970), en relación con esta investigación realizada, este sistema constructivo demuestra ser de utilidad en elementos de carga y división, principalmente en la relación directa de los materiales que lo conformar y el fin para el cuál serán diseñados. Lo que queda respaldado por Cardellach (1970), quien afirma que, el único origen de estas formas estructurales y constructivas está en un nivel superior de sensibilidad mecánica y de inspiración natural. Cardellach concluye, que el Ingeniero con ese espíritu innovador, debe descubrir nuevas formas de armazones resistentes para la actual construcción.

- El sistema del muro tendinoso se viene aplicando en Colombia desde los años noventa, al ser respetuoso con el medio ambiente ha permitido dar una respuesta a la necesidad de viviendas para personas de bajos recursos económicos, pues no se necesita mano de obra calificada. El confinamiento que trasmite el sistema de muros tendinosos es de alta resistencia a las cargas gravitacionales y muy estable a los eventos sísmicos como quedó demostrado en el sismo de Armenia (Colombia) en el año de 1998 (Zuluaga, 2012, p. 14-15). Desde el punto de vista tecnológico, la adopción de los sistemas alternativos no convencionales de construcción, traen consigo la innovación o mejoramiento de estos sistemas, ya sea, mediante el empleo de materiales tradicionales regionales, la implementación de nuevos métodos constructivos, de organización y producción para la reducción de los costos de construcción, la utilización de materiales reciclados en algunos casos, todos estos aspectos enumerados son posibilidades que en un momento dado se pueden convertir en opciones reales y efectivas para el aprovechamiento de los recursos existentes, y de esta manera ayudar a las clases menos favorecidas a mejorar sus niveles de vida con la construcción de viviendas dignas, como las que se construyeron en el barrio La Independencia, Municipio de Restrepo, Valle del Cauca, Colombia, Figura 4.5.

Figura No. 4.5
Urbanización de viviendas construidas con el sistema de muro tendinoso

Las ventajas que presenta este sistema de muro tendinoso son:

- Se pueden aplicar y mejorar las tradiciones constructivas ancestrales campesinas.

- Se utilizan los recursos de mano de obra y materiales de la misma región.

- A los paneles revestido de mortero se les puede dar un acabado rústico, o se puede estucar y pintar posteriormente.

- El sistema de paneles permite la colocación interna de toda clase de tuberías para instalaciones eléctricas, hidráulicas, gas.

- Los paneles por su espesor sirven como aislantes térmicos y acústicos en la vivienda.

- El sistema tendinoso es muy económico por lo que se pueden construir viviendas a bajo costo, se pueden construir viviendas tanto en la zona rural como en la zona urbana de una localidad.

- El comportamiento de este sistema de muros tendinosos ante las acciones sísmicas presentadas en la región fue muy positivo, sismo de Páez en 1995 con un valor en la escala de Richter de 6,5, y el de Armenia en 1998 con un valor en la escala de Richter de 6,4, calificados por su valor como fuertes. Las viviendas construidas con el sistema de muro tendinoso no sufrieron daños estructurales.

- El sistema de muros tendinosos ante los sismos no presenta volcamientos, como si lo presentaron las construcciones en bahareque y muros en ladrillo simple, este factor de respuesta sísmica es muy importante, cuando se trata de salvaguardar las vidas de sus ocupantes.

- Es un sistema constructivo que es amigable con el medio ambiente.

- Este sistema constructivo, se inscribe en el marco planteado por el Plan de Acción Regional para el desarrollo sostenible del Programa 21 de las Naciones Unidas, en lo referente a la recuperación de sistemas y materiales tradicionales, al utilizar sistemas no convencionales y alternativos.

Las pocas desventajas que presenta este sistema de muro tendinoso son:

- Se pueden presentar humedades directas en los muros localizados en las partes externas de la vivienda, producto de las aguas lluvias, las cuales se pueden prevenir al realizar un mantenimiento periódico con revestimientos de pinturas plásticas impermeables.

- Al construir en madera o guadua, estas deben encontrarse bien inmunizadas prevenir ataques de insectos xilófagos, con el objeto de garantizar su durabilidad en el tiempo y buen comportamiento estructural.
- Otro factor muy importante a tener en cuenta, son los errores de carácter constructivos que se puedan presentar en su ejecución, producto de la inexperiencia en la autoconstrucción.

Como tema de discusión investigativa y de carácter técnico, se dejan los siguientes aspectos:

- Tal es la importancia alcanzada por el sistema tendinoso en la resolución de un problema de resistencia estructural, que se obtiene una estructura original, económica, resistente y elástica.
- Thomas materializa el sistema tendinoso, desarrollando técnicas constructivas y empleando estructuras de madera tradicional de la región, implementando el sistema de autoconstrucción.
- Con este sistema constructivo de muro tendinoso, se da respuesta a las necesidades de vivienda de las clases menos favorecidas, su implementación se puede dar en cualquier lugar geográfico.
- Con esta nueva tecnología de sistema constructivo, se pretende dar cumplimiento a las exigencias ambientales, teniendo en cuenta desde esta perspectiva, la aplicación de nuevas tecnologías limpias en el campo de la construcción.
- Es una herramienta básica que debe garantizar la calidad de vida digna, dando respuesta a las necesidades primarias insatisfechas de las familias de bajos recursos económicos.
- Se puede implementar el sistema comunitario de autoconstrucción, debido a que no necesita elementos prefabricados.
- Por ser un sistema constructivo muy flexible, se pueden adaptar y modular fácilmente los espacios arquitectónicos de la vivienda.

- El sistema es adaptable a cualquier zona geográfica y topografía del terreno, lo mismo que es amigable con el medio ambiente.
- Por su versatilidad en la construcción, es posible utilizar varios materiales en la estructura de la vivienda, ya sea madera, guadua de la propia región.

De este proceso investigativo, se enumeran las siguientes conclusiones:

1. Se demostró la viabilidad del sistema constructivo para dar respuesta al problema del déficit de vivienda tanto en las zonas urbanas como rurales.
2. El sistema tendinoso da como resultado una construcción de calidad con materiales de la región.
3. Desde su principio filosófico aportó el concepto integrador de tecnologías apropiadas.
4. Desde el punto de vista profesional y académico, al trabajar con la comunidad se hace una aprehensión de los saberes constructivos ancestrales.
5. Académicamente, se supera el concepto de la arquitectura excluyente por la función evolutivamente creadora de la arquitectura incluyente.
6. Filosóficamente, es significativa la aceptación social de esta tecnología, que la comunidad la califica como apropiada para ser implementada por ellos.
7. Los proyectos constructivos de los muros tendinosos en urbanizaciones rurales o urbanas, deben satisfacer las necesidades físicas y básicas de carácter social de las comunidades, en concordancia con la construcción sostenible y manteniendo un equilibrio entre los ecosistemas existentes.

REFERENCIAS BIBLIOGRÁFICAS

Arredondo, F. (1963). *Estudio de Materiales, III.-Cales.* Madrid: Instituto Eduardo Torroja de la construcción y del cemento.

Bedoya Montoya, C. M. (2010). *Los muros tendinosos en la arquitectura y la construcción.* Libro cuatro de arquitectura (1ª ed.). Medellín: Facultad de Arquitectura, Universidad Nacional de Colombia, sede Medellín.

Bedoya Montoya, C. M. (2011). *Construcción Sostenible, para volver al camino.* Biblioteca Jurídica DIKË, Cátedra UNESCO de Sostenibilidad. https://issuu.com/iscucen/docs/construcci__n_sostenible_para_volve

Builes Hoyos, T. y Giraldo Montoya, C. (2011). *Estado del arte de la guadua como material alternativo para la construcción sostenible.* [Trabajo de Grado. Universidad EAFIT]. https://repository.eafit.edu.co/handle/10784/5451

Cardellach, F. (1910). *Filosofía de las estructuras.* Barcelona: Librería de A. Bosch. https://bibliotecadigital.jcyl.es/es/catalogo_imagenes/grupo.do?path=10465817

Casas F. L. H. (2011). *Sostenibilidad, Sistemas Constructivos, Muros Tendinosos*, Seminario Biocasa - CAMACOL, Hábitat y Desarrollo Sostenible, Santiago de Cali, Colombia.

Comas, J. (1977). *Introducción a la prehistoria general* (3ª ed.). México: Colmex Ltda.

Cruz A. J. C., Cardona G. J. C., Hernández P. D. M. (2013). *Innovación en Ingeniería para la Construcción de casas Ecosostenibles.* Seminario Innovación en Investigación y Educación en Ingeniería. Cartagena, Colombia. https://antiguo.acofipapers.org/index.php/acofipapers/2013/paper/viewFile/157/59

De Roux, R., R., (1990). *Historia de la humanidad* (2ª ed.). Bogotá: Estudio.

Fernández, P. D. (2016). *Composición y estructura: Revalorización de la técnica constructiva del apilamiento como estrategia de diseño en la arquitectura contemporánea.* Tesis doctoral Facultad de Arquitectura, Planeamiento y

Diseño, Universidad Nacional del Rosario, Argentina. Recuperado el 16 de febrero de 2018 de: http://www.fapyd.unr.edu.ar/wp-content/uploads/2017/09/tesis_fernandez_paoli.pdf

Gaiker IK4 Research Alliance. (2007). *Reciclado de Materiales: perspectivas, tecnologías y oportunidades.* Departamento de Innovación y Promoción Económica, Bizkaiko Foru Aldundia, España.

Gama, J., Cruz, T., Pi-Puig, T., Alcalá, R., Cabadas, H., Jasso, C., et all, (2012). Arquitectura de tierra: el adobe como material de construcción en la época prehispánica. *Boletín de la Sociedad Geológica mexicana,* 64 (2), 177-188.

García, D. A. F. (2019). Análisis de una construcción con bambú y adobe. Propuesta para la construcción de una escuela en Quibdó (Chocó, Colombia). *Oficina de Medio Ambiente (OMA-UDC) Vicerreitoría de Economía, Infraestruturas e Sustentabilidade,* 53. https://ruc.udc.es/dspace/bitstream/handle/2183/25606/Premio_UDC_sustent abilidade_TFG_TFM_I_2018.pdf?sequence=8#page=53

García León, D. F. y Velásquez Ramírez J. A. (2021). *Viabilidad de muros tendinosos a base de bandas PET y fibras de raquis de plátano.* [Trabajo de grado, Universidad de La Salle]. https://ciencia.lasalle.edu.co/ing_civil/959/

Giraldo M. S., Raigoza, V. A., C., y Sánchez Restrepo, A., (2016). *Estudio de factibilidad para construcción y comercialización de viviendas ecológicas de interés prioritario con uso de técnica muro tendinoso en zona rural de Risaralda.* [Trabajo de grado, Universidad Tecnológica de Pereira]. https://core.ac.uk/download/pdf/84108257.pdf

Ghoreishi, K. K. (2011). *Ecomateriales y construcción sostenible. Canadá:* Creative Commons.

Guerrero, P. y Casas, F. L. (2002). Materiales y sistemas alternativos para la vivienda, Los muros tendinosos. *Revista CITCE, Territorio, construcción y espacio.* 4 (Jul/Dic), 48–55.

Hernández, N. J. (2013). *El lenguaje de la estructura: el muro descompuesto.* [Trabajo Final de Máster, Universidad Ramón Llull]. https://www.recercat.cat/bitstream/handle/2072/256777/Hernandez-Navarro-MPIA.pdf?sequence=1

Hidalgo, L. G. (1978). *Nuevas técnicas de construcción con bambú.* Bogotá, Universidad Nacional de Colombia. Editor, Estudios Técnicos Colombianos.

Howell, F. C. 1982. *El género humano.* Revista de Occidente, Extraordinario IV (18-19), 21-42.

Instituto Sindical de Trabajo, Ambiente y Salud (ISTAS). (2005). *Guía de Construcción Sostenible.* Ministerio del Medio Ambiente, España. https://istas.net/descargas/CCConsSost.pdf

Keyser, C. (1982). *Ciencia de materiales para ingeniería* (1ª ed.). México: Limusa S. A.

Lamuz, F., y Andrade, S. (2015). *Concreto reforzado, fundamentos* (1ª ed.). Bogotá: Ecoe Ediciones Ltda.

Magaña, H. P. P. (2022). *Producción de materiales ecológicos reciclados con escombros de construcción.* Revista CITAS, Suplemento (1). Vol. 8 (En/Jun), 70–92. https://revistas.usantotomas.edu.co/index.php/citas/issue/view/691

Management Solutions. (2020). *La gestión de riesgos asociados al cambio climático.* https://www.managementsolutions.com/sites/default/files/publicaciones/esp/gestion-riesgos-cambio-climatico.pdf

Ministerio de Ambiente y Desarrollo Sostenible (MADS), (2022). *Guía de materiales para la construcción sostenible,* Dirección de Asuntos Ambientales, Sectorial y Urbana (DAASU). Bogotá D. C., Colombia.

Mora, Ch. W. F. (2022). *Determinación del desplazamiento lateral en muros tendinosos, ante cargas laterales, monotónicas y cíclicas.* [Trabajo final de

Maestría, Universidad Nacional de Colombia]. https://repositorio.unal.edu.co/handle/unal/83329

Perdrizet., M. P. (1987). *Los hombres de la prehistoria.* Bogotá: Norma S.A.

Pérez, M. A. (2014). *Aplicaciones avanzadas de los materiales compuestos en la obra civil y edificación.* Barcelona: 1ª edición Omnia Sciense. https://www.omniascience.com/books/index.php/monographs/catalog/view/77 /301/466-1

Ramírez, Q. D. C. (2022). *Técnicas de rehabilitación de muros de mampostería.* [Trabajo de grado, Universidad Nacional Autónoma de México]. https://www.resilienciasismica.unam.mx/docs/TesisDianaRamirez.pdf

Rivas, R. I. (2009). *Muros tendinosos.* https://es.scribd.com/doc/214883597/3-Muros-Tendinosos-1

Salazar A. J. (2012). *Los Ecomateriales y las VIS. Una visión sostenible.* https://www.colmayor.edu.co/wp-content/uploads/2019/10/5-materialesdeconstruccindebajo.pdf

Soufflot, J. G. (2012). *Biografía.* http://www.wikiwand.com/es/Jacques-Germain_Soufflot0

Thomas, M. A. y Supelano, P. (2002). Diseño y Tecnocultura, Alternativas Constructivas: el Caso del Sistema Tendinoso, *Revista Ingeniería y Competitividad, Facultad de Ingenierías, Universidad del Valle, Colombia*, 4 (1), 25-32.

Thomas M. A., Supelano, P. y Vergara, C. (2015). Tendón + Tendido = Tendinoso, *Revista digital Constructivo*, 106, (abril – mayo), 170-178. http://constructivo.com/cn/suscriptor/pdfart/150410043301_ARTICULO104.pdf

Torres, R. J. E. (2013). *Bioarquitectura: Muro tendinoso.* [Blog Ingeniería en arquitectura y diseño medioambiental].

http://ingenieroenarquitecturamedioambiental.blogspot.com/2013/01/bioarqui
etctura-muro-tendinoso.html

Torroja M. E. (2010). *Razón y ser de los tipos estructurales* (7ª ed.). Consejo Superior de Investigaciones Científicas. Ediciones Doce Calles, S. L.file:///D:/INFO%20USER%20C%20NO%20BORRAR/Downloads/Razon_y_ser_de_los_Tipos_Estructurales_E.pdf

Valenzuela, A. (2015). *Las Patentes de Hormigón Armado.* Dialnet, RITA, No. 3, abril 2015. https://dialnet.unirioja.es/descarga/articulo/5094560.pdf

Velásquez R. J. A., y García L. D. F. (2021). *Viabilidad de muros tendinosos a base de bandas PET y fibras de raquis de plátano.* Retrieved from https://ciencia.lasalle.edu.co/ing_civil/959

Velázquez R. A. (2010). *Transferencia tecnológica: el caso de los muros tendinosos.* [Trabajo de Máster, Universidad Politécnica de Catalunya]. https://es.scribd.com/document/249974865/Velasquez-pdf

Vidaud, E. (2013). *Construcción y tecnología en concreto*, De la historia del cemento. 2013 (noviembre), 20-24.

Vitruvii P. M. (1997). *De architectura, opus in libris decem* (1ª ed.), traducción del latín por Oliver D., J. Madrid: Alianza Forma S. A. https://web.seducoahuila.gob.mx/biblioweb/upload/Vitruvio_Polion_Marco.pdf

White, R., Gergely, P. y Sexsmith, R. (1980). *Introducción a los conceptos de análisis y diseño, Ingeniería estructural (Vol. 1).* Limusa S. A.

Zuluaga, C. y Zuleta, A. (2016). Arquitectura sostenible, Sistema tendinoso, *Revista digital Colconstrucción*, Febrero (14-15). https://issuu.com/colconstruccion/docs/colconstruccioned3-5_imprimir

yes
I want morebooks!

Buy your books fast and straightforward online - at one of world's fastest growing online book stores! Environmentally sound due to Print-on-Demand technologies.

Buy your books online at
www.morebooks.shop

¡Compre sus libros rápido y directo en internet, en una de las librerías en línea con mayor crecimiento en el mundo! Producción que protege el medio ambiente a través de las tecnologías de impresión bajo demanda.

Compre sus libros online en
www.morebooks.shop

info@omniscriptum.com
www.omniscriptum.com